Tuhina Halder

Reverie da precipitação: Desvendando a microfísica tropical

Tuhina Halder

Reverie da precipitação: Desvendando a microfísica tropical

Caracterização de caraterísticas microfísicas utilizando medições multi-técnicas em regiões tropicais

ScienciaScripts

Imprint

Cover image: www.ingimage.com

This book is a translation from the original published under ISBN 978-620-7-46961-1.

Publisher:
Sciencia Scripts
is a trademark of
Dodo Books Indian Ocean Ltd. and OmniScriptum S.R.L publishing group

120 High Road, East Finchley, London, N2 9ED, United Kingdom
Str. Armeneasca 28/1, office 1, Chisinau MD-2012, Republic of Moldova, Europe
Printed at: see last page
ISBN: 978-620-7-95390-5

Conteúdo

Reconhecimento

Gostaria de aproveitar esta oportunidade para agradecer a várias pessoas pelo seu apoio, colaboração e encorajamento durante o meu período de investigação no Centro de Investigação em Ambiente Espacial S. K. Mitra, Instituto de Radiofísica e Eletrónica, Universidade de Calcutá.

Em primeiro lugar, gostaria de expressar a minha sincera gratidão ao meu orientador, o Prof. Animesh Maitra. Animesh Maitra. Foi um privilégio absoluto trabalhar como bolseiro de investigação sob a orientação do Prof. Animesh Maitra e a experiência que adquiri durante o meu período de investigação é para mim um tesouro inestimável e para toda a vida. Não poderia ter imaginado um melhor mentor para o meu doutoramento do que o Prof. Na verdade, para um académico, ele é muito mais do que um conselheiro académico. Os seus conselhos constantes, o seu encorajamento e as suas sugestões inestimáveis guiaram-me para encontrar o caminho certo na vida da investigação.

Agradeço o apoio parcial fornecido pela UGC Basic Science Research Faculty Fellowship (No.F.18-1/2011(BSR), o projeto intitulado "Multi-Technique Probing of Tropospheric Phenomena Utilizing Ground-Based and Satellite based Measurements" ao abrigo do Start-Up Grant of Young Scientist (D. O. No. SR/FTP/ES104/2014) e do Space Science Promotion Scheme (SSP; Grant No. E33013/3/2009-V) financiado pela ISRO. Também expresso o meu reconhecimento e agradecimento especial ao Dr. Luiz Machado, INPE, Brasil e ao Dr. P.K Karmakar, Universidade de Calcutá, Índia, por fornecerem os dados do Projeto CHUVA realizado no Brasil. Estou também grato ao Dr. Karmakar pelos seus conselhos e orientação durante os meus primeiros dias como académico de investigação.

Os meus agradecimentos são devidos ao Prof. N. R. Das e ao Prof. Debatosh Guha, o anterior Diretor do Instituto, pelo apoio administrativo necessário. Gostaria de estender a minha gratidão a todo o pessoal académico, administrativo e técnico do Instituto de Radiofísica e Eletrónica do Instituto de Radiofísica e Eletrónica pela sua assistência favorável.

Gostaria também de agradecer aos meus colegas de grupo, que me ajudaram e mantiveram concentrado durante todo o período de investigação. Sem a sua ajuda e apoio, não teria conseguido progredir no meu trabalho de investigação. Sem qualquer ordem especial, os meus agradecimentos vão para Arpita Adhikari, Arijit De, Gargi Rakshit e Soumyajyoti Jana.

Gostaria também de fazer uma menção especial e de agradecer ao Prof. Somnath Sarkar, bolseiro emérito do UGC, antigo professor e chefe do Departamento de Ciências Electrónicas da Universidade de Calcutá. O Prof. Sarkar tem-me orientado e guiado em todos os aspectos da vida desde que eu era estudante. Agradeço sinceramente ao Prof. Sarkar todo o seu apoio ao longo destes longos anos.

Por último, tenho de agradecer a todos os membros da minha família pelo enorme apoio que me deram ao longo de todos estes anos de trabalho de investigação. Tenho a sorte e a gratidão de poder dizer que tenho uma grande família que sempre se sacrificou por mim e me deu apoio e ajuda ilimitados em tudo o que podia. Sem a minha família, nunca teria conseguido nada. Em todos os momentos, eles têm sido o meu apoio e a minha força. Foram as suas bênçãos e o seu amor que me trouxeram até este dia em que posso escrever um reconhecimento do meu trabalho. Apresento as minhas humildes saudações a todos os anciãos da minha família e peço-lhes a sua bênção. Antes de terminar, gostaria de dedicar o meu trabalho ao meu pai, o Dr. Biswanath Halder, pois foi graças à sua crença e ao seu esforço que pude imaginar fazer um doutoramento. Gostaria também de agradecer ao meu marido, Sr. Subhasis Dasgupta, pelo apoio técnico e moral que me deu na minha vida académica e pessoal. Por último, gostaria de mencionar a minha pequena sobrinha Riddhima, que me faz sorrir nos momentos difíceis.

As palavras finais da minha tese são dedicadas às pessoas cujo nome pode não ser mencionado nesta secção, mas que estiveram sempre comigo ao longo do meu percurso e me ajudaram a escolher o rumo certo na vida.

Capítulo 1

Introdução

1.1. Introdução

A chuva é uma caraterística atmosférica importante que não só influencia as condições económicas de um país, mas também tem implicações significativas na previsão meteorológica, na deteção remota e nas alterações climáticas. A precipitação tropical compreende mais de dois terços da precipitação global e é o principal distribuidor de calor através da circulação da atmosfera. Por conseguinte, o conhecimento da precipitação e da sua variabilidade é crucial para compreender e prever as alterações climáticas globais. A identificação e a análise de diferentes tipos de chuva ajudam a extrair as caraterísticas da chuva e os seus padrões, o que permite tirar conclusões sobre a formação da chuva. Além disso, as propriedades microfísicas associadas à chuva são muito importantes para compreender o processo físico associado às precipitações. O conhecimento da chuva e da sua formação é útil para obter uma técnica adequada de estimativa da precipitação com vista a uma previsão eficiente. As degradações do sinal induzidas pela chuva, como a atenuação da chuva, a despolarização e a cintilação, são factores importantes que afectam as comunicações por satélite, especialmente acima dos 10 GHz. O conhecimento das precipitações e das suas propriedades microfísicas ajuda a avaliar a atenuação da chuva para otimizar a conceção de ligações de comunicações por micro-ondas.

1.2. Precipitações

As partículas de nuvens presentes na atmosfera, quando se tornam demasiado pesadas para permanecerem suspensas no ar, caem de volta à Terra sob a forma de água líquida ou congelada, designada por precipitação. As precipitações são libertadas das nuvens sob diferentes formas, como chuva, chuva congelada, granizo, neve ou granizo. A precipitação no estado líquido é designada por chuva. A chuva desempenha um papel importante no ciclo global da água, em que a humidade dos oceanos se evapora, se condensa em nuvens, se precipita de volta para a Terra e acaba por regressar ao oceano para recomeçar o ciclo.

As nuvens são constituídas por vapor de água e gotículas de nuvens, que não são mais do que pequenas gotas de água condensada. Estas gotículas não caem como precipitação porque são demasiado pequenas, mas são suficientemente grandes para formar nuvens. A evaporação e a condensação da água são processos contínuos na atmosfera. A velocidade de queda da água condensada não é suficientemente grande para ultrapassar as correntes de ar ascendentes associadas às nuvens, pelo que a água condensada não cai sob a forma de precipitação. Para que a precipitação ocorra, as pequenas gotículas de água têm de se condensar noutras partículas mais pequenas presentes na atmosfera, nomeadamente poeira, sal, partículas de fumo e aerossóis, que actuam como núcleos de condensação de nuvens. Como processo posterior, as gotículas de água crescem através da condensação adicional de vapor de água, levando à colisão de partículas. Se as colisões forem suficientes para produzir gotículas com uma velocidade de queda superior à velocidade de subida da nuvem, as gotículas cairão da nuvem sob a forma de precipitação. O processo requer várias gotículas de nuvem para produzir uma única gota de chuva. Outro mecanismo para produzir gotas de chuva é através de um processo que leva ao rápido crescimento de cristais de gelo à custa do vapor de água presente na atmosfera. Estes cristais podem cair sob a forma de neve ou derreter e cair sob a forma de chuva. As gotas de chuva que ocorrem devido à condensação e as que ocorrem devido à deposição de vapor de água são distintas numa série de caraterísticas que indicam os processos microfísicos associados à chuva.

1.3. Tipos de chuva: Estratiforme e Convectiva

As precipitações podem ser classificadas em termos gerais em tipos convectivos e estratiformes. As chuvas convectivas e estratiformes distinguem-se tanto em termos de microfísica como de dinâmica (Yuter e Houze Jr, 1997). Os processos microfísicos que determinam o crescimento das gotículas de nuvens nos sistemas convectivos e estratiformes também são distintos. As gotas das nuvens nos núcleos convectivos crescem principalmente por formação de rebordos ou por acreção, o que dá origem a hidrometeoros maiores, ao passo que no sistema estratiforme os hidrometeoros de gelo tendem a ser mais pequenos, com menor densidade, e quando fundidos dão origem a gotas de chuva mais pequenas. Assim, normalmente, as precipitações convectivas são caracterizadas por gotas de chuva grandes e as precipitações estratiformes por gotas mais pequenas. As precipitações convectivas são impulsionadas por correntes ascendentes estreitas com campos de velocidade vertical fortes e intensidades de precipitação elevadas, enquanto os sistemas estratiformes têm campos de velocidade vertical relativamente fracos e intensidades de precipitação mais baixas. A estrutura das precipitações convectivas e estratiformes, tal como observada no perfil do radar, mostra que as fortes correntes ascendentes durante as precipitações convectivas não permitem que os hidrómetros se estratifiquem, no entanto, na parte inferior do núcleo estratiforme há agregação de partículas de gelo, o que resulta numa fina camada horizontal melhorada de reflexão do radar denominada banda brilhante do radar ou assinatura da camada de fusão (Robert A Houze Jr, 2014). A chuva estratiforme cobre normalmente áreas maiores e contribui para uma parte significativa da acumulação de precipitação, apesar de ser muito mais fraca do que a das células convectivas adjacentes (Anagnostou, 2004; Schumacher e Houze Jr, 2003).

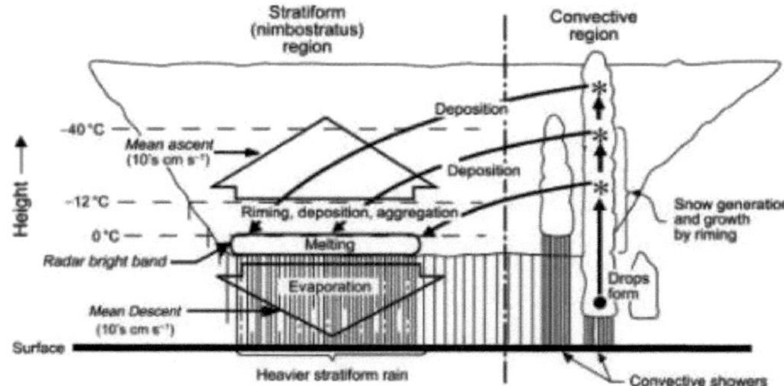

Fig. 1.1 : Fenómenos estelares e convectivos

(Retirado de International Geophysics (Volume 104, Capítulo 6) por Robert Houze Jr.)

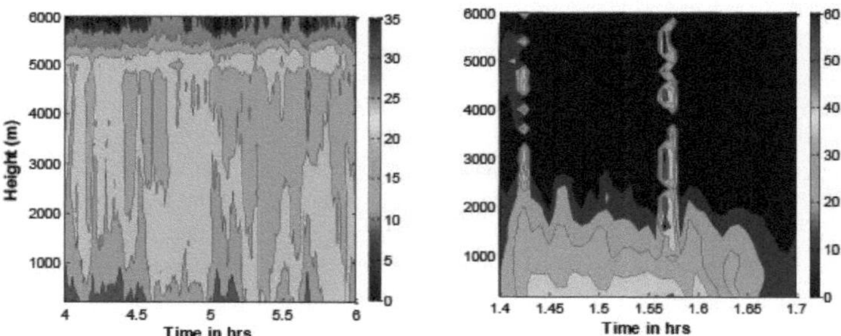

Fig. 1.2 : Perfis de refletividade do radar durante um evento de chuva estratiforme e convectiva

1.1.1. Precipitações mistas

A chuva estratiforme tem origem na atividade convectiva inicial e as precipitações durante este período de transição podem ser classificadas como precipitações mistas. É difícil caraterizar as precipitações mistas e é mais difícil distingui-las, uma vez que apresentam uma mistura de caraterísticas de chuva estratiforme e convectiva. As precipitações mistas são normalmente menos intensas e mais fracas como a chuva estratiforme. Mas, tal como as precipitações convectivas, o conteúdo de água líquida domina as precipitações mistas e, ao contrário da chuva estratiforme, onde o conteúdo de vapor de água domina. O perfil de refletividade do radar para as precipitações mistas também não apresenta uma assinatura de banda brilhante.

1.1.2. Precipitações de monção e pré-monção

A precipitação tropical contribui de forma significativa para o clima global e para o ciclo global da água. A precipitação tropical varia consoante as regiões climáticas, mas todo o período de precipitação pode ser classificado, em termos gerais, em monção e pré-monção. No que respeita à região tropical do subcontinente indiano, a monção de verão é um dos principais factores que contribuem para a precipitação anual total nas regiões indianas. No entanto, para além da monção, outras estações apresentam igualmente actividades de precipitação local isoladas na região indiana. De acordo com o Departamento Meteorológico da Índia (IMD), os meses de março a maio da estação do verão constituem o período pré-monção. O período pré-monção é caracterizado por intensos fenómenos convectivos locais de curta duração em várias partes das regiões orientais da Índia, como Bengala Ocidental e Bihar. No entanto, a estação mais importante, com precipitação de longa duração e ventos de sudoeste carregados de humidade no subcontinente indiano, é o período das monções, que vai de junho a setembro.

1.1.3. Importância da classificação da chuva

A classificação da chuva desempenha um papel importante em várias aplicações meteorológicas. É útil para compreender a física das nuvens, uma vez que os sistemas estratiformes e convectivos estão associados a diferentes mecanismos de crescimento da precipitação. Também é útil para determinar a distribuição vertical do processo diabático que é importante do ponto de vista termodinâmico. Diferentes

18 | Página estruturas termodinâmicas resultam em diferentes perfis de calor latente, que têm um impacto diferente no clima global. A classificação da precipitação pode também contribuir para melhorar a exatidão da recuperação da precipitação a partir de dados de deteção remota obtidos por instrumentos terrestres e espaciais (Kummerow et al., 1998). No que diz respeito à estimativa da precipitação a partir de radares terrestres, a classificação da precipitação pode ajudar na conversão da precipitação a partir da medição da refletividade (Anagnostou et al., 1998).

1.3. Estimativa da intensidade da chuva

A chuva forte e intensa perturba a vida humana. Casos graves, como inundações e situações de seca, são também responsáveis por enormes perdas de vidas e podem ser perigosos para as condições socioeconómicas de um país. Por conseguinte, a previsão de tais actividades torna-se extremamente essencial. A maioria dos modelos de previsão da chuva disponíveis para caraterizar os aspectos estatísticos e dinâmicos da chuva são, de uma forma ou de outra, semi-empíricos, pelo que necessitam essencialmente de medições da taxa de precipitação nos locais desejados. No entanto, os dados sobre a intensidade da precipitação obtidos nas regiões tropicais são muito escassos, pelo que é necessário optar por várias técnicas de recuperação ou de estimativa da intensidade da precipitação.

A deteção remota de micro-ondas pode fornecer uma estimativa eficaz da precipitação, tal como demonstrado pelos sistemas de satélite de monitorização da precipitação transportados pelo espaço, como a Tropical Rainfall Measuring Mission (TRMM), a Global Precipitation Measurement Mission (GPM) e o Sistema de Observação da Terra. Duas teorias, a saber, a teoria da emissão e a teoria da dispersão, são frequentemente adoptadas para estimar a intensidade da precipitação utilizando medições de micro-ondas (Bell e Janowiak, 1995). A primeira utiliza as emissões observadas das partículas líquidas atmosféricas para estimar a intensidade da precipitação. A radiação observada é sensível à emissividade da superfície e é aplicada em zonas oceânicas devido à baixa e homogénea emissividade da superfície do mar. Esta teoria é mais adequada para a estimativa da precipitação em zonas onde predominam as nuvens estratificadas ou as nuvens convectivas pouco profundas. O segundo método é utilizado para estimar a intensidade da precipitação através da medição da extinção da radiação de micro-ondas causada por partículas de água líquida ou partículas de gelo. No entanto, este método é aplicável apenas a áreas com actividades convectivas profundas.

Por conseguinte, a recuperação exacta da intensidade da precipitação a partir de dados de satélite deve envolver a dispersão e a emissão de sinais, respetivamente, o que torna o processo de recuperação complexo (Spencer et al., 1989). Muitas vezes, a intensidade da precipitação obtida a partir de dados de satélite é comparada com dados de outros sensores meteorológicos terrestres, para determinar a exatidão. Mas este procedimento também sofre de falta de dados para um período de tempo ótimo, porque as gotas de chuva no ar não caem instantaneamente no solo e não são contabilizadas para uma verdadeira consideração dos dados de intensidade da precipitação. Por outro lado, os radiómetros de micro-ondas, um sensor passivo baseado no solo, fornecem medições contínuas das emissões atmosféricas com uma boa precisão. Um radiómetro de micro-ondas terrestre mede as radiações descendentes que envolvem pouca falta de homogeneidade e os sinais são principalmente devidos a emissões de partículas líquidas atmosféricas. Assim, a utilização das medições do radiómetro de micro-ondas é uma boa opção para melhorar a estimativa da precipitação com base na deteção remota, a validação da precipitação no solo e as parametrizações microfísicas das caraterísticas das nuvens precipitantes.

1.4. Radiometria de micro-ondas

A radiometria é a tecnologia que permite medir as radiações electromagnéticas de um objeto com uma temperatura superior ao zero absoluto. Um radiómetro de micro-ondas (MWR), sendo um recetor passivo altamente sensível, é capaz de medir mesmo radiações de micro-ondas de nível muito baixo. Os princípios da radiometria permitem estabelecer relações entre a magnitude da intensidade da radiação e um parâmetro atmosférico específico de interesse. Em geral, um radiómetro de micro-ondas é um instrumento eficaz para a deteção remota da atmosfera. Para além da temperatura atmosférica, do teor de água líquida e do vapor de água, a atenuação atmosférica das ondas de rádio pode também ser estimada a partir da temperatura de brilho (BRT) medida com um radiómetro de micro-ondas. A atenuação atmosférica é um parâmetro essencial utilizado na conceção optimizada das ligações de comunicação Terra-Satélite. Um radiómetro de micro-ondas recebe um sinal de uma determinada frequência *(f)* e converte a potência recebida associada em temperatura de brilho. A temperatura de brilho *(T_b)* é definida como a temperatura física do corpo à qual a radiação transmitida é igual à radiação do corpo negro. O princípio básico da radiometria pode ser explicado pela aproximação de Rayleigh Jean. Esta estabelece que

$$B = \frac{8\pi(kT)^2x^2}{h^2c^3} \quad where\ x = \frac{hf}{kT} \qquad (1.1)$$

Aqui, *B* representa a luminosidade, que é a potência recebida por unidade de tempo por unidade de área por unidade de ângulo sólido. Para esta equação, se o recetor for substituído por um corpo negro perfeito, a temperatura física *(T)* torna-se a temperatura de brilho *(T_b)*. Esta T_b pode agora ser convertida em perfis de temperatura ou de humidade através de técnicas de inversão adequadas. O termo de frequência *f* é determinado a partir do espetro de absorção. As bandas de frequência a selecionar dependem das caraterísticas do meio através do qual a onda se propaga. As partículas no meio

têm determinados níveis de energia fixos e absorvem e irradiam energia a uma determinada frequência.

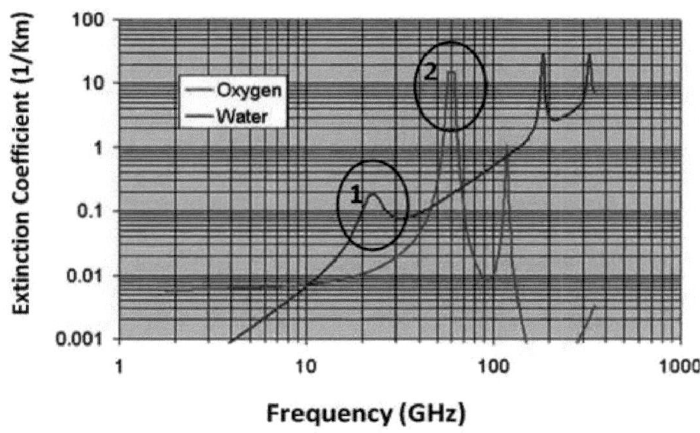

Fig. 1.3 : Espectro de absorção de (1) Vapor de água a 22,235 GHz (2) Oxigénio a 60 GHz

A figura 1.3 mostra os coeficientes de absorção atmosférica para os constituintes da atmosfera. Os 21 | A linha azul da página mostra a absorção devida ao vapor de água, e a linha vermelha refere-se à absorção de oxigénio. A informação sobre o perfil do vapor de água atmosférico pode ser obtida a partir da banda de frequência 22-28 GHz, que está associada a uma linha de vapor de água relativamente fraca a 22,235 GHz e o canal de 31 GHz é utilizado para detetar o teor de água líquida atmosférica. Devido à dependência da temperatura do coeficiente de absorção do oxigénio, a informação sobre a distribuição vertical da temperatura é obtida a partir dos canais 51-58 GHz, que se situam no lado ascendente da linha de absorção do oxigénio a 60 GHz.

1.5. Atenuação da chuva

As comunicações por satélite têm uma procura crescente devido às vantagens inerentes, como a redução do tamanho do equipamento e a prevenção de interferências com os sistemas terrestres, e às aplicações aéreas e marítimas (Adhikari et al., 2011) . Dado que o espetro de frequências está cada vez mais saturado, as ligações por satélite estão a mudar para frequências mais elevadas, da banda C para as actuais banda Ku e banda Ka. No entanto, a conceção optimizada destas ligações de comunicação por satélite sofre um grande revés, uma vez que a atenuação da trajetória se torna muito mais grave nestas bandas de frequência mais elevadas (acima de 10 GHz).

A quantidade de atenuação nas ligações satélite-solo depende de vários factores, incluindo: taxa de precipitação, frequência, temperatura, ângulo de elevação, comprimento do percurso, distribuição do tamanho das gotas (DSD) e polarização. Quando os sinais de micro-ondas interagem com gotas de chuva, a intensidade do sinal não só se reduz devido à absorção e dispersão, como também a partícula de chuva altera a polarização do sinal. A atenuação da chuva é considerada como a deficiência mais dominante, que aumenta com a taxa de precipitação e com a frequência. Esta perda degrada a ligação entre o satélite e a terra e, por conseguinte, afecta a fiabilidade e o desempenho das ligações de comunicação por satélite (Lee et al., 2009; Yeo et al., 2009). Outro fator importante que afecta a propagação do sinal Terra-espaço é a camada de fusão. O gelo derretido no interior da nuvem, perto da altura da isoterma de 0°, contribui consideravelmente para a atenuação da trajetória, que pode tornar-se significativa a frequências mais elevadas. A atenuação do sinal é uma função do caminho percorrido e o sinal percorre um caminho muito maior através da precipitação líquida em comparação com o caminho dentro da camada de fusão. Por conseguinte, a atenuação da chuva é muito maior do que a atenuação da camada de fusão.

As medições da intensidade do sinal de satélite podem constituir uma excelente ferramenta para estudar e identificar um modelo adequado de atenuação da chuva (Fidèle Moupfouma, 1987). No entanto, as medições efectivas do sinal em ambiente tropical continuam a ser inadequadas, particularmente nas bandas de frequência Ka e superiores (Green, 2004). Na ausência de medições reais do sinal, a modelação da atenuação da chuva é efectuada com base em dados meteorológicos (ITU-R, 838-3, 2005). Uma estimativa adequada da quantidade de degradação do sinal devido à chuva exige um maior conhecimento das caraterísticas da chuva. Foram desenvolvidos vários modelos de estimativa da atenuação da chuva baseados em dados recolhidos em zonas de clima temperado. A maioria destes modelos existentes não apresenta um desempenho satisfatório nas regiões tropicais, onde se verificam grandes fenómenos de chuva convectiva (Chakravarty e Maitra, 2010; Suryana et al., 2005). Assim, os modelos existentes devem ser avaliados em função da variabilidade das caraterísticas da chuva tropical.

1.5.1. Distribuição do tamanho das gotas (DSD)

A DSD ou distribuição do tamanho das gotas de chuva é o número de gotas de chuva em diferentes tamanhos de gotas de chuva. A DSD tem um papel muito importante na meteorologia e nas comunicações via rádio. A DSD é uma das propriedades microfísicas mais fundamentais da chuva e a forma da distribuição reflecte o processo físico associado à chuva. A informação sobre a DSD é frequentemente utilizada para modelar a atenuação da chuva numa ligação de comunicação Terra-espaço. O modelo DSD que utiliza uma distribuição gama de três parâmetros (Ulbrich, 1983) estabelece que :

$$N(D) = N\, D_o^{\mu}\, exp(-A\, D) \qquad (1.2)$$

Aqui $N(D)$ é o número de gotas por unidade de intervalo de diâmetro por unidade de volume. D é o diâmetro e μ, Λ e N_0 são os parâmetros de forma, declive e interceção, respetivamente. Os sinais, enquanto se propagam através de um meio de chuva, sofrem dispersão e absorção, levando à degradação do sinal. As gotas mais pequenas correspondentes ao DSD (< 1mm de diâmetro) são consideradas esféricas e seguem a dispersão de Mie quando interagem com a onda em propagação. No entanto, as gotas maiores são achatadas na base e têm uma forma não esférica ou esferoidal, pelo que a teoria de Mie não é válida para elas. As gotas esferoidais conduzem a uma dispersão dependente da polarização e a sua interação com a onda em propagação pode ser tratada através da técnica de correspondência de pontos (PMT).

1.5.2. Dispersão de Mie

A gota de chuva é considerada como um dielétrico com perdas. A dispersão e a absorção são consideradas as duas principais consequências da propagação de ondas electromagnéticas ao atravessar o meio da chuva. A magnitude da dispersão e da absorção depende da frequência de propagação, do raio efetivo das gotas, da permissividade complexa da água e da orientação ou forma das gotas de chuva. As gotas de chuva são assumidas como esféricas para investigar a atenuação da chuva utilizando a técnica de dispersão de Mie. Em primeiro lugar, calcula-se a amplitude de dispersão e, em seguida, a atenuação específica (Mie, 1908).

1.5.3. Técnica de correspondência de pontos

As gotas de chuva que caem, especialmente as gotas de maior diâmetro, não têm uma forma esférica devido ao efeito da aerodinâmica e da atração gravitacional sobre elas. Nestes casos, as gotas esferóides oblatas (achatadas na base) não seguem a teoria da dispersão de Mie. A eficácia do cálculo de Mie está limitada apenas a gotas de chuva esféricas e pequenas. Para gotas maiores, o efeito da distorção da forma deve ser considerado através da utilização de um modelo para calcular a amplitude de dispersão da chuva que aborda gotas com forma de esferoide oblato. A técnica de correspondência de pontos (PMT) é um dos métodos mais utilizados para calcular a dispersão de micro-ondas por gotas de chuva com forma de esferoide oblato (Oguchi, 1981, 1983). Esta técnica utiliza harmónicos vectoriais elementares para expressar os campos incidentes e dispersos de uma onda plana unitária que incide numa gota de chuva oblata. Existem duas abordagens através das quais a correspondência de pontos pode ser alcançada: (1) técnica de colocação (Oguchi, 1973) e (2) técnica de ajuste de mínimos quadrados (Morrison e Cross, 1974; Oguchi e Hosoya, 1974). Na primeira abordagem, a correspondência é efectuada na superfície do espalhador em tantos pontos quanto o número de coeficientes desconhecidos. Por outro lado, na segunda abordagem, a correspondência é efectuada no sentido dos mínimos quadrados num maior número de pontos da superfície do emissor. No presente estudo, utilizámos a técnica de colocação de PMT para calcular a amplitude de dispersão de gotas de chuva de esferóides oblatos. A TPM pressupõe a convergência uniforme dos coeficientes de expansão dos campos na superfície de fronteira não esférica do dispersor.

1.5.4. Atenuação da chuva na trajetória Terra-espaço

Como já foi referido, a taxa de precipitação e a DSD desempenham um papel importante na estimativa da atenuação da chuva no trajeto Terra-espaço. Mas a quantidade de chuva e a distribuição do tamanho das gotas apresentam grandes variações temporais e espaciais. Por conseguinte, estes dois parâmetros não são suficientes para estimar a atenuação da chuva em todo o trajeto da ligação. São necessárias outras técnicas para resolver os problemas relacionados com a variação temporal e espacial das caraterísticas da chuva. Existem várias técnicas disponíveis e cada modelo propõe técnicas diferentes para estimar a atenuação da chuva no trajeto da ligação. Um desses modelos, amplamente aceite e utilizado, é o modelo ITU-R (Recomendação, 2005). Existem outros modelos disponíveis baseados na teoria da transferência radiativa utilizada na radiometria de micro-ondas (Ulaby et al., 1981). O ITU-R é um modelo empírico em que a atenuação da chuva é estimada a partir da relação aproximada entre a taxa de chuva e a atenuação, tendo em consideração o comprimento efetivo do caminho e outros parâmetros. No segundo modelo, a temperatura de brilho associada às emissões atmosféricas, observada por um radiómetro, é utilizada para estimar a atenuação da chuva (Allnutt, 1976).

1.6. Propriedades microfísicas da chuva

As propriedades microfísicas da chuva são normalmente descritas pela distribuição do tamanho das partículas ou das gotas (DSD) e pela distribuição da velocidade. O conhecimento dos parâmetros microfísicos, como a distribuição do tamanho das gotas de chuva, é essencial para melhorar a capacidade de deteção remota da chuva e parametrizar os processos de precipitação. O desenvolvimento das técnicas de teledeteção permite obter a longo prazo a distribuição do tamanho das gotas de chuva e os seus perfis verticais em grandes áreas (Bringi, Chandrasekar, Zrnic, e Ulbrich, 2003; Kirankumar, Rao, Radhakrishna, e Rao, 2008). Mas uma grande variabilidade da distribuição do tamanho das gotas de chuva é uma fonte importante de imprecisão na estimativa da precipitação utilizando um radar, e isto é especialmente verdadeiro para gotas inferiores a cerca de 1,5 mm, devido à sensibilidade e precisão limitadas das técnicas de deteção remota disponíveis (Williams, Ecklund, Johnston e Gage, 2000).

A velocidade de queda da gota de chuva é um parâmetro microfísico igualmente importante e está intimamente relacionado com a distribuição do tamanho da gota de chuva e vários outros parâmetros integrais da chuva. As medições da velocidade terminal de Gunn e Kinzer (Gunn e Kinzer, 1949), em condições laboratoriais calmas, ainda são consideradas o padrão (Merhala Thurai et al., 2017). Mas o facto de a turbulência (Pinsky e Khain, 1996) e a desagregação/coalescência da gota de chuva (Montero-Marfinez, Kostinski, Shaw e García-García, 2009) poderem influenciar a velocidade de queda da gota de chuva não foi tido em consideração por Gunn-Kinzer (1949). Os efeitos complexos dos movimentos do ar e de outros factores na velocidade de queda da gota de chuva não foram adequadamente abordados, especialmente no contexto das medições do tamanho da gota de chuva (Niu et al., 2010).

1.6.1. Velocidade terminal de Gunn-Kinzer

As gotas de chuva têm uma grande diversidade espacial e temporal. É um facto bem conhecido que as gotas maiores caem mais depressa do que as mais pequenas. Após estudos exaustivos e testes experimentais da correspondência de um para um entre o tamanho da gota e a sua velocidade terminal, Gunn-Kinzer propôs uma relação entre a velocidade de queda e o diâmetro da gota em condições atmosféricas normais ao nível do mar (Gunn e Kinzer, 1949). A relação proposta estabelece que:

$v(D) = 9{,}65 - 10{,}3\exp(-0{,}6D)$ (1,3)

Aqui $v(D)$ é a velocidade terminal (velocidade máxima) atingida por uma gota de um determinado diâmetro D em condições de ar estagnado. Gunn-Kinzer partiu do princípio de que a força líquida atuante e a aceleração das partículas da chuva são nulas. No entanto, em condições práticas de precipitação, devido ao efeito do vento complexo, à desagregação/coalescência, as gotas de chuva caem com uma velocidade inferior ou superior à velocidade terminal de Gunn-Kinzer.

1.6.2. Velocidade super terminal e sub terminal

A rutura de uma gota dá origem a muitos fragmentos mais pequenos e todos eles caem com a mesma velocidade que as gotas maiores (Montero-Martinez et al., 2009). Assim, os fragmentos mais pequenos caem com uma velocidade muito mais rápida do que a sua velocidade terminal. Por conseguinte, a velocidade das gotas mais pequenas resultantes da quebra de gotas e que caem com uma "velocidade superior à velocidade terminal" é designada por "velocidade super terminal".

Por outro lado, quando duas gotas coalescem, dão origem a uma gota maior e esta gota maior cai com a mesma velocidade que a gota maior das duas gotas coalescentes. Assim, a gota maior cai com uma "velocidade inferior à velocidade terminal", designada por "velocidade subterminal" (Niu et al., 2010).

1.6.3. Disdrómetro ótico

Existem dois modos diferentes de rutura de gotas: uma é a rutura espontânea induzida por forças aerodinâmicas e a outra é a rutura devida a colisões de gotas. Considera-se que estes dois factores de rutura controlam as modulações/evolução do DSD (Testik e Pei, 2017). Uma melhor compreensão da variabilidade espacial e temporal das caraterísticas da chuva requer uma rede densa de instrumentos que possam fornecer medições da distribuição do tamanho das gotas (DSD). Estes instrumentos têm de ser suficientemente robustos e fiáveis para resistir a condições meteorológicas variáveis e devem ser fáceis de calibrar ou isentos de calibração para minimizar os custos de funcionamento, devendo ainda ser capazes de medir com precisão os tamanhos das gotas. Os Disdrómetros Ópticos, instrumentos relativamente novos, têm o potencial de satisfazer estes requisitos (de Moraes Frasson et al., 2011). Um desses distrómetros ópticos é um monitor de precipitação a laser (LPM).

O monitor de precipitação a laser (LPM) mede simultaneamente o tamanho e a velocidade das gotas de precipitação ao nível do solo (Sarkar et al., 2015). O LPM detecta com fiabilidade gotas mais pequenas (Martin Löffler-Mang e Joss, 2000). As medições LPM (Clima, 2007) podem fornecer uma boa medida da distribuição do tamanho das gotas mais pequenas. Também pode ser uma ferramenta eficaz para estudar o efeito do vento complexo e outros factores associados nas propriedades microfísicas, como a distribuição do tamanho das gotas de chuva e as velocidades de queda.

1.7. Regiões de estudo

O objetivo do presente estudo consistiu em realizar estudos e análises sobre a chuva, tendo em conta a variabilidade das caraterísticas da chuva tropical. Assim, foram selecionadas para estudo diferentes regiões dos trópicos, localizadas em dois hemisférios diferentes, com diferentes condições climáticas predominantes. A região de estudo estende-se por um total de quatro locais. Destes quatro locais, a maior parte do estudo foi limitada à localidade de Calcutá, situada perto do Trópico de Câncer no subcontinente indiano. Outras duas regiões de estudo são as cidades brasileiras, Belém e Alcântara, situadas perto do Equador. A quarta região de estudo é o vale do Paraíba, que também se situa no Brasil e está próximo do Trópico de Capricórnio.

A primeira região selecionada para a presente investigação é a cidade metropolitana de Calcutá, situada na região tropical da Índia. Calcutá (22,57° N, 88,36° E) é uma localidade urbana situada na margem do rio Ganges, no leste da Índia, perto da fronteira terra-oceano da Baía de Bengala. A altitude de Calcutá é de 9 m e a cidade tem estações húmidas e secas. A cidade regista a passagem de massas de ar provenientes da região terrestre e oceânica em diferentes estações. A temperatura média anual na cidade é de 24,8 °C, com temperaturas médias mensais que variam entre 15 °C e 30 °C. Durante os períodos secos de verão, a temperatura máxima em Calcutá ultrapassa frequentemente os 40 °C nos meses de maio e junho. O inverno tende a durar apenas cerca de dois meses e meio, com temperaturas mínimas que descem para 9 °C - 11 °C em dezembro e janeiro. A temperatura mais elevada registada em Calcutá é de 43,9° C e a mais baixa de 11° C. O ramo da monção sudoeste da Baía de Bengala traz a chuva para Calcutá, que assola a cidade entre junho e setembro e fornece à cidade a maior parte da sua precipitação média anual, que ascende a cerca de 1 825 mm. No entanto, uma quantidade considerável de precipitação convectiva, caracterizada por aguaceiros fortes e intensos, ocorre durante a estação pré-monção (março a maio). As intensas actividades convectivas que ocorrem devido aos Nor'westers são mais frequentes entre março e o início de junho.

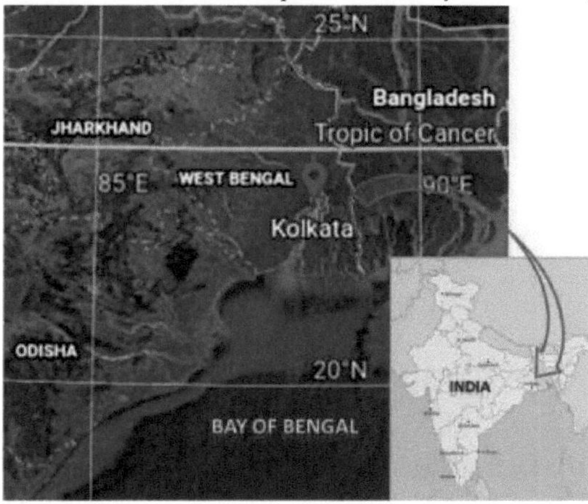

Fig. 1.4: Localização geográfica da cidade urbana de Calcutá no subcontinente indiano (Fonte: Google Earth)

A cidade de Belém (1,45° S, 48,49° W) está localizada no meio da floresta tropical do Brasil. Por estar próxima da linha do Equador e situada na região oeste da Amazónia, Belém tem proximidade com o Oceano Atlântico. Apresenta altas temperaturas do ar que influenciam a humidade relativa na região. Sistemas meteorológicos de média escala como a brisa marítima, sistemas de grande escala como o Distúrbio Ondulatório de Páscoa (DOL), a Zona de Convergência Inter tropical (ZCIT) e linhas de instabilidade modulam o tempo e o clima de Belém (Martorano et al., 2017) afetando a precipitação desta região resultando em uma precipitação média anual de 2537 mm. Belém tem principalmente duas estações, a seca e a húmida, com a estação húmida a estender-se de dezembro a julho.

Alcântara (2,18° S, 44° W) e Vale do Pariba (23° S, 44° W) ou Vale do Pariba, são as outras duas regiões do nordeste do Brasil onde ocorrem chuvas fortes. Alcântara está comparativamente mais perto do Equador, enquanto o Vale está perto do Trópico de Capricórnio. Nos meses de março e novembro, em Alcântara e no Vale do Paraíba, respetivamente, ocorrem sistemas de fases quentes e mistas, sistemas de brisa marítima, convecção da ZCIT, convecção localizada, linhas de quadratura, sistemas frontais e até sistemas convectivos de mesoescala (Machado et al., 2014).

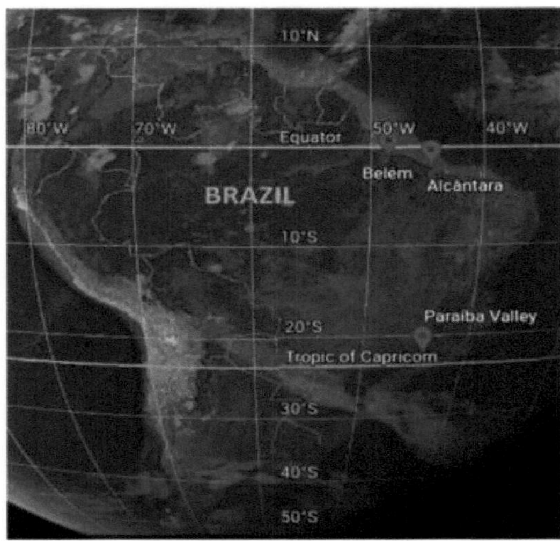

Fig. 1.5: Localização geográfica de Belém, Alcântara e Vale do Paraíba na região tropical do Brasil (Fonte: Google Earth)

1.8. Estudo atual e âmbito da tese

Os diferentes processos microfísicos associados à chuva estratiforme e convectiva conduzem a diferentes perfis de aquecimento latente que têm um impacto significativo na evolução da precipitação (Houze Jr, 1993). Assim, é necessário caraterizar a precipitação como convectiva ou estratiforme no domínio da deteção remota, da modelização e das comunidades hidrológicas. Muitos investigadores têm utilizado uma variedade de técnicas para classificar e caraterizar a chuva. Cada técnica tem as suas próprias vantagens e desvantagens. Neste contexto, as técnicas empíricas devem ser avaliadas e também devem ser utilizadas novas técnicas para classificar e caraterizar as precipitações, especialmente nas regiões tropicais da Índia, onde o ambiente pluvial varia significativamente. Assim, o foco do presente estudo foi classificar as precipitações em duas categorias, nomeadamente estratiforme e convectiva, a partir de múltiplas técnicas, utilizando uma série de instrumentos. Além disso, o presente estudo propõe novas técnicas de classificação e medição da chuva baseadas em modelos estatísticos.

Uma previsão eficiente exige técnicas corretas de estimativa da intensidade da precipitação. O papel da deteção remota por micro-ondas para melhorar a estimativa da precipitação foi demonstrado pela Missão de Medição da Precipitação Tropical e pelo Sistema de Observação da Terra. No entanto, a recuperação da intensidade da precipitação a partir de dados de satélite e a sua comparação com os sensores meteorológicos sofrem de uma falta de dados para um período de tempo ótimo. A fim de determinar a exatidão da intensidade da precipitação obtida por satélite, esta é comparada com valores de intensidade da precipitação medidos por diferentes instrumentos para um determinado período de tempo, o que se torna uma questão crucial. No presente contexto, o autor pretende encontrar o período de tempo ótimo para a medição da intensidade da chuva em dois locais específicos da região tropical. Além disso, foi feito um esforço para estimar a intensidade da precipitação utilizando dados radiométricos terrestres de dupla frequência e compará-la com a intensidade da chuva obtida a partir de um pluviómetro (Halder e Karmakar, 2014).

As comunicações por satélite têm uma procura crescente de uma série de serviços que exigem uma largura de banda cada vez maior. medida que o espetro de frequências se torna cada vez mais saturado, as ligações por satélite estão a mudar para frequências mais elevadas, da banda C e Ku para a banda

Ka e Q. No entanto, os efeitos da propagação no desempenho da ligação tornam-se muito mais prejudiciais nestas bandas de frequência mais elevadas. No presente estudo, a atenuação da chuva foi estimada em três frequências diferentes em dois locais tropicais diferentes. Para ambas as localidades, os valores de atenuação da chuva são obtidos a partir de medições de distribuição do tamanho das gotas (DSD) efectuadas por um disdrómetro, sendo a forma das gotas considerada tanto esférica como não esférica. Além disso, são utilizadas medições radiométricas e modelos ITU-R para avaliar este efeito de propagação. Este estudo será útil para compreender as caraterísticas de atenuação da chuva em diferentes zonas climáticas tropicais. Este estudo é útil para avaliar a atenuação em condições de chuva variáveis utilizando diferentes técnicas e para conceber as ligações por satélite na banda Ka e na banda de alta frequência na região tropical.

As propriedades microfísicas da chuva podem ser descritas em termos da distribuição do tamanho das gotas e da distribuição da velocidade. A variabilidade espacial da distribuição do tamanho das gotas, especialmente das gotas mais pequenas, é uma questão crucial. Além disso, uma medição exacta da velocidade de queda das gotas em condições naturais ao ar livre tem sido uma questão de longa data e altamente desafiadora na comunidade meteorológica (Yu et al., 2016). O LPM é um distrómetro ótico que mede simultaneamente o tamanho e a velocidade de queda das gotas de precipitação ao nível do solo (Sarkar, et al., 2015). O LPM detecta gotas mais pequenas de forma fiável (Löffler- Mang e Joss, 2000). Neste estudo, analisámos o tamanho das gotas de chuva, a distribuição da velocidade de queda e outros parâmetros integrais da precipitação utilizando medições do LPM (Clima, 2007) sobre Calcutá em diferentes condições de chuva.

A presente tese aborda múltiplas técnicas de classificação da chuva, técnicas de estimativa da intensidade da chuva, estudos de atenuação da chuva e análise das propriedades microfísicas da chuva em diferentes regiões tropicais com diferentes condições climáticas prevalecentes. As medições concertadas têm como objetivo uma melhor compreensão dos processos atmosféricos associados às diferentes caraterísticas da precipitação.

1.9. Organização da tese

O conteúdo da tese está organizado da seguinte forma:

Chapter 1 inclui a parte introdutória que reflecte a importância do estudo. Apresenta um estudo pormenorizado dos tipos de precipitação e das suas caraterísticas. Também fornece pormenores sobre outros aspectos importantes associados à chuva, nomeadamente a estimativa da intensidade da queda de chuva, a atenuação da chuva e o efeito do vento nas propriedades microfísicas da chuva. Este capítulo inclui ainda uma perspetiva do presente estudo, bem como o âmbito da tese.

Chapter 2 discute o trabalho anterior realizado nas áreas relacionadas com a classificação da chuva, a estimativa da chuva e a atenuação da chuva. Apresenta uma revisão da literatura de investigações anteriores na área.

Chapter 3 trata dos instrumentos utilizados para a recolha de dados no âmbito do presente estudo. Este capítulo apresenta uma breve descrição dos instrumentos e dos seus princípios de funcionamento.

Chapter 4 apresenta um estudo com múltiplas técnicas de classificação da chuva utilizando uma série de instrumentos. Neste capítulo, avaliámos a capacidade de vários instrumentos e os dados por eles recolhidos para classificar a chuva com base em várias propriedades microfísicas. Este capítulo apresenta também uma nova técnica proposta para a classificação da chuva com base numa abordagem estatística.

Chapter 5 trata da técnica de estimativa da precipitação utilizando temperaturas de brilho de observações radiométricas de micro-ondas de dupla frequência.

Chapter 6 apresenta diferentes técnicas para estimar a atenuação da chuva em trajectos terra-espaço sob diferentes condições de chuva tropical. Neste capítulo, a atenuação da chuva é estimada em dois locais tropicais de dois hemisférios diferentes, utilizando as propriedades microfísicas como a distribuição do tamanho das gotas e as observações radiométricas da temperatura de brilho.

Chapter 7 discute o efeito do vento ou do cisalhamento vertical nas propriedades microfísicas dos parâmetros da chuva, como a velocidade e o tamanho das gotas, em diferentes condições de chuva, utilizando observações LPM.

Chapter 8 resume o presente trabalho e destaca os resultados e as conclusões retiradas do estudo. Inclui as observações finais, bem como as possibilidades de estudos futuros neste domínio.

Capítulo 2

Literatura Revisão

2.1. Pesquisa bibliográfica

Os processos microfísicos que impulsionam o crescimento de gotículas de nuvens em sistemas convectivos e estratiformes são distintos. Foram utilizados vários métodos para discriminar os regimes convectivos e estratiformes num sistema de nuvens. Todos estes métodos se baseiam em modelos empíricos (Kumar, et al., 2011), considerando os parâmetros seguintes: (i) *Z-R* (relação entre refletividade e intensidade da precipitação), (ii) parâmetros DSD como o diâmetro médio ponderado em massa D_m e o parâmetro de interceção normalizado N_w (Thurai, et al., 2010) , (iii) a banda brilhante na refletividade do radar (Martner, 2005), (iv) a intensidade do eco do radar e (v) as diferenças de temperatura de brilho das micro-ondas (Renju, et al., 2016). Existe uma vasta literatura que trata da classificação dos tipos de chuva estratiforme e convectiva com base em dados experimentais, como a utilização da refletividade do radar (Steiner et al., 1995; doravante designada por SHY), a magnitude das correntes ascendentes/descendentes (Atlas et al., 2000), as medições do disdrómetro (Tokay e Short, 1996; doravante designada por TS) e os dados do perfilador (Williams et al., 1995). Ulbrich e Atlas (2007) mostraram que é importante identificar o tipo de chuva de transição cujas caraterísticas de DSD são suficientemente diferentes das DSD puramente convectivas e estratiformes, o que faz com que sejam necessárias três relações *Z-R* diferentes para estimar com precisão a precipitação. Mostram também que as DSD convectivas nos trópicos caem frequentemente na forma de equilíbrio quando a chuva de transição é separada da chuva puramente convectiva. O tipo de chuva de transição é um pouco semelhante à classe "mista convectiva/estratiforme" introduzida por Williams et al. (1995). Os estudos mostram que a chuva estratiforme é composta por gotas de maior diâmetro em comparação com a chuva de tipo convectivo para o mesmo teor de água líquida (Tokay e Short, 1996; Atlas et al., 1999). As variações nos parâmetros gama DSD são também utilizadas para a classificação do tipo de chuva (Tokay et al., 1999; Maki et al., 2001). Tokay e Short (1996) observaram uma mudança significativa no parâmetro de interceção da distribuição gama, N_0 , durante a transição de chuva convectiva para chuva estratiforme. Mais tarde, muitos investigadores referiram a existência de uma região de transição entre os regimes convectivo e estratiforme (Atlas et al., 1999; Tokay et al., 1999; Maki et al., 2001; Wilson e Tan, 2001). Bringi, et al. (2003) utilizaram um esquema simples para classificar os tipos de chuva estratiforme e convectiva com base no desvio padrão da taxa de chuva em 5 amostras consecutivas de DSD. Um desvio padrão $< 1{,}5$ mm/hora é classificado como chuva do tipo estratiforme; caso contrário, assume-se chuva do tipo convectiva. Atlas et al. (1999) e Ulbrich e Atlas (2007) estudaram os DSDs durante os três regimes (estratiforme, convectivo e de transição) e determinaram as relações *Z-R* para cada um destes regimes. Os autores salientaram que existe uma variação sistemática das relações *Z-R* para estes três tipos de chuva. Identificaram um fenómeno de chuva que consiste nos três regimes. Um evento de chuva começa inicialmente como convectivo, onde a taxa de chuva, *R,* aumenta acentuadamente e atinge o seu pico, enquanto o diâmetro médio do volume, D_0 , não varia muito. Quando D_0 e *R* diminuem simultaneamente após o período convectivo inicial, a chuva é classificada como de transição. Segue-se a chuva estratiforme, que se caracteriza por uma taxa de precipitação aproximadamente constante de $R < 10$ mm/hora e por valores mais elevados do diâmetro médio do volume (D_0). Ulbrich e Atlas (2007, 2008) também estudaram a variação de N_w , a constante de normalização definida como a interceção de um DSD exponencial equivalente com o mesmo teor de água *W,* e a variação de μ, o parâmetro de forma para diferentes tipos de chuva. Montopoli et al. (2008) utilizaram a variação de D_m e μ para a classificação da chuva juntamente com a classificação utilizada em Bringi, et al. (2003). Wilson e Tan (2001) utilizaram os dados do RADAR de Singapura e os dados do disdrómetro para determinar a relação *Z-R*. Utilizaram também as variações da integral da chuva. Utilizaram também as variações dos parâmetros integrais para classificar os tipos de chuva.

A técnica de classificação da precipitação desenvolvida por Steiner et al. (1995) aplica-se às medições da refletividade do radar terrestre (técnica SHY). Utiliza campos de refletividade interpolados aos níveis de 1,5 km e 3 km para alcances de radar inferiores a 100 km e entre 100 e 150 km, respetivamente. O algoritmo baseia-se em três etapas discretas. Primeiro, qualquer ponto da grelha com um valor de refletividade superior a 40 dBZ é classificado como um centro convectivo. Isto é atribuído ao facto de uma chuva desta intensidade praticamente nunca poder ser estratiforme. Em segundo lugar, para os pontos que não são classificados como convectivos pelo critério acima, é definida uma refletividade de fundo que é a média linear dos pontos de refletividade diferente de zero num raio de 11 km centrado nesse ponto da grelha. Se um ponto exceder esta refletividade de fundo por uma certa intensidade, o valor dependente é classificado como um centro convectivo (critério de pico). Esta classificação é regida por uma relação não linear entre a diferença de refletividade no pixel e a refletividade média de fundo. Por último, para os pontos que são identificados como centros convectivos pelos dois critérios acima referidos, todos os pontos de grelha circundantes dentro de um raio dependente da intensidade são também classificados como convectivos. Para este efeito, os autores Steiner et al. (1995) propuseram três funções degrau com diferentes declives, nomeadamente grande, médio e pequeno. Todos os outros pontos restantes não nulos são classificados como estratiformes.

Para além das abordagens acima mencionadas, existem numerosos algoritmos concebidos para dividir os regimes de precipitação convectiva e estratiforme num sistema de nuvens a partir de medições no solo. Entre estes, um estudo anterior utilizou dados de pluviómetros (Austin e Houze Jr, 1972; Houze Jr, 1973). Nessa técnica, as taxas de precipitação do pluviómetro que excediam um determinado limiar eram classificadas como convectivas. Esta técnica de excedência de fundo (BET) identifica geralmente o núcleo da convecção. A técnica foi alargada a duas dimensões utilizando observações de refletividade de radar, em que os núcleos convectivos foram identificados por BET e, em seguida, um raio de influência fixo foi utilizado para atribuir áreas de chuva convectiva (Houze Jr e Churchill, 1984). Steiner et al. (1995) melhoraram ainda mais esta abordagem e argumentaram que, em vez do raio de influência convectivo fixo, pode ser utilizado um raio variável juntamente com um limiar variável. O raio e o limiar eram funções da refletividade de fundo média da área (ou seja, critérios de pico). Outro algoritmo apresentado por Biggerstaff e Listemaa (2000) baseia-se na reclassificação dos campos de classificação obtidos por Steiner et al. (1995). Os autores afirmam que este algoritmo consegue reclassificar 25% da área total de eco e 14% do volume total de chuva. Para compreender melhor as questões relacionadas com a meteorologia das nuvens, a estimativa da precipitação e as trocas de energia, foi lançada em novembro de 1997 a Tropical Rainfall Measurement Mission (TRMM). Utilizando um satélite de órbita de baixa altitude (350 km), o radar de precipitação (PR) de última geração da TRMM forneceu medições de distribuições de precipitação em 3D com uma precisão sem precedentes nas regiões tropicais e subtropicais. Uma parte do algoritmo de precipitação do PR é um procedimento de classificação do tipo de precipitação, designado por algoritmo 2A23 (Kummerow et al., 2000). Os principais resultados do algoritmo 2A23 são a deteção da banda brilhante (BB), a determinação da altura da BB quando esta existe, a classificação do tipo de chuva e a deteção da existência de chuva quente (Awaka et al., 1997).

Recentemente, foi desenvolvida uma nova metodologia baseada em medições do Radiómetro de micro-ondas para identificar a convecção com base na diferença entre os valores de T_b nos canais de 30 e 22,23 GHz. Em frequências inferiores a 50 GHz, o sinal de micro-ondas emitido por um sistema convectivo (SC) é essencialmente dominado pela emissão e absorção por gotículas de nuvens e gotas de chuva, e é menos afetado pela presença de nuvens de gelo. O espetro de emissão da água líquida das nuvens não tem ressonâncias nesta gama de frequências e a absorção aumenta aproximadamente com a segunda potência da frequência (Elachi e Van Zyl, 2006). O canal de 30 GHz é mais sensível ao conteúdo de água líquida. As gotas de água líquida maiores tornam-se mais fortemente absorventes devido a efeitos de ressonância dentro das gotas, e também dispersam a radiação. Durante a evolução de um CS, as moléculas de água atmosférica sofrem mudanças de fase que levam a trocas de energia, o que pode modificar a emissão térmica do CS em diferentes frequências dentro da banda K. As variações de T_b nos canais da banda K durante a evolução da CS podem ser usadas para entender as propriedades microfísicas e, portanto, para classificar as precipitações (Renju et al., 2016).

No entanto, existem muito poucas abordagens baseadas na análise estatística para a classificação da chuva. Uma dessas técnicas é a abordagem Bayesiana. Combina o conhecimento estatístico sobre os processos iniciais (a priori) com o conhecimento de como esses processos mudam e evoluem (probabilidades condicionais), levando ao resultado final (a posteriori) (Bukovcic et al., 2015). O classificador bayesiano aplica o teorema de Bayes às variáveis e assume que as variáveis preditoras são condicionalmente independentes umas das outras (Han et al., 2011). A chamada independência condicional das classes significa que a probabilidade de um evento não é afetada pela ocorrência de outro. Comparações recentes entre algoritmos de classificação mostraram que o desempenho de um classificador bayesiano simples é tão bom quanto o dos algoritmos de árvore de decisão ou de rede neural, se não mesmo melhor (Xhemali et al., 2009).

Anteriormente, os investigadores utilizavam dados infravermelhos ou visíveis baseados em satélite para estimar a intensidade da precipitação. No entanto, ocorreram erros significativos porque os sinais correspondentes à gama de infravermelhos e do visível não conseguiam penetrar nas camadas de nuvens. A intensidade da precipitação era frequentemente sobrestimada quando apareciam no campo de visão nuvens cirros altas ou nuvens anvil. Contrariamente a estes dados infravermelhos e visíveis, os dados do canal de micro-ondas são menos influenciados pelas camadas de nuvens e, por conseguinte, mais adequados para a estimativa da intensidade da precipitação (Liu e Curry, 1992; Negri et al., 1994; Barrett e Bellerby, 1992; Ferraro et al., 1992; Grody, 1991; Spencer et al., 1989).

As investigações que utilizam dados de Radiómetro de micro-ondas em terra começaram na década de 1970 (Ulaby et al., 1986). Guiraud et al. (1979) utilizaram um radiómetro de micro-ondas de canal duplo para medir o vapor de água precipitável. Indicaram que os dados do Radiómetro de micro-ondas em terra podem ser utilizados para monitorizar o vapor de água precipitável melhor do que os dados das radiossondas convencionais. Westwater (1978) também investigou a exatidão da estimativa do vapor de água e da água líquida das nuvens utilizando dados de Radiómetro de micro-ondas no solo. Gao et al., (1992) compararam diferentes técnicas de estimativa do vapor de água precipitável utilizando sistemas de imagem de baixo para cima, infravermelhos próximos e infravermelhos e radiómetros de micro-ondas de cima para baixo. As suas estimativas concordaram em 0,1 cm de vapor de água precipitável. Snider et al. (1995) utilizaram dados de Radiómetros de micro-ondas terrestres para investigação climática. Alguns investigadores estimaram a estrutura vertical do vapor de água através da combinação de diferentes fontes de dados (Han e Westwater, 1995; Stankov et al., 1995; Feltz et al., 1996; Spänkuch et al., 1996). Em comparação com a investigação sobre o vapor de água precipitável e a água líquida, os estudos sobre a estimativa da intensidade da precipitação utilizando dados do Radiómetro de micro-ondas terrestre têm sido menos numerosos.

Investigações anteriores mostraram uma boa relação entre a temperatura de brilho das micro-ondas e a intensidade da precipitação. A este respeito, Liu et al. (2001) propuseram dois métodos diferentes para a estimativa da intensidade da precipitação utilizando medições do Radiómetro de micro-ondas no solo, nomeadamente o método diferencial e o método da temperatura de brilho. Os métodos indicam que, logo após uma precipitação intensa, o método diferencial constitui uma melhor opção para estimar a intensidade da precipitação do que o método da temperatura de brilho. Para o método diferencial, as alterações temporais da intensidade da precipitação são derivadas das alterações temporais da temperatura de brilho, o que dá a relação entre as alterações temporais da intensidade da precipitação e as alterações temporais da temperatura de brilho. Enquanto o segundo método, o método da temperatura de brilho, estabelece uma relação direta entre a temperatura de brilho e a intensidade instantânea da precipitação.

A atenuação pela chuva é considerada como a deficiência mais dominante em frequências superiores a 10 GHz (Das et al., 2010), uma vez que dá origem ao desvanecimento de grandes sinais. Os estudos de atenuação da chuva surgiram como um importante domínio de investigação nas últimas cinco décadas com o aparecimento das ligações de comunicação por micro-ondas (Maitra et al., 2007). A estimativa da atenuação da chuva com base numa abordagem estatística foi proposta pela primeira vez por Ryde (1946). No entanto, os erros de estimativa dessa técnica foram detectados por Medhurst (1965) cerca de duas décadas depois. Posteriormente, foram dados contributos significativos para a conceção de um modelo fiável de atenuação da chuva (R Crane, 1975, 1977, 1980, 1985). Timothy et al. (1994) revelaram que a dimensão das gotas de chuva desempenha um papel importante na determinação da atenuação da chuva. A atenuação da chuva tem uma variabilidade regional e temporal e depende também do tipo de chuva (Laws e Parsons, 1943; Joss, 1968). A atenuação específica pode ser estimada a partir de medições pontuais da taxa de precipitação, utilizando diferentes distribuições do tamanho das gotas de chuva (Olsen et al., 1978; Hendrantoro et al., 2002; Laws e Parsons, 1943).

Um estudo comparativo dos modelos de previsão da atenuação da chuva utilizando os dados do satélite INSAT-2C foi efectuado por Rao et al. (2002). Foram efectuadas experiências a 20/30 GHz sobre a Índia para revelar as caraterísticas horizontais da atenuação da chuva (Jassal et al., 1994). Verma e Jha (1996) avaliaram a atenuação específica da chuva com base em dados sobre a dimensão das gotas de chuva recolhidos na Índia.

As observações radiométricas podem ser utilizadas para estudar as caraterísticas verticais da chuva, bem como a atenuação atmosférica em Ku/Ka. O papel da temperatura de brilho nas comunicações por ondas centimétricas e milimétricas e a sua relação com a absorção atmosférica foram estudados por Smith (1982). Os estudos sobre a atenuação da chuva e as medições da altura da chuva utilizando observações radiométricas são referidos por Raina (1996); Sen et al., (1989); Sharma et al. (2006, 2007). Alguns estudos adicionais baseados em observações radiométricas sobre Nova Deli, na Índia, foram efectuados por Raina e Uppal (1984), mas não foram suficientes para a interpretação dos mecanismos de propagação nos trópicos.

T. S. Yeo et al. (1990, 1993) e Li et al. (1994) propuseram modelos de atenuação da chuva e de dimensão das gotas de chuva que foram utilizados com êxito em Singapura. Mais tarde, Yee et al. (2001) alargaram o seu trabalho a ondas de rádio polarizadas horizontal e verticalmente na banda de frequência de 10-40 GHz. O padrão regional das perturbações provocadas pela chuva foi investigado em 37 estações da Nigéria, utilizando os dados das bandas Ku, Ka e V do NigComSat-1 (Omotosho e Oluwafemi, 2009), o que revelou que a diminuição dessas perturbações se verificava do sul para o norte da Nigéria. Recentemente, foram efectuadas muitas campanhas de medição da atenuação da chuva em trajectórias oblíquas noutras partes do mundo (Mandeep e Hassan, 2006, 2009; García et al., 2007, Adhikari et al., 2011).

Os estudos de atenuação da chuva mostram que o modelo ITU-R forneceu uma abordagem para prever a atenuação da chuva, mas o modelo não tem um bom desempenho em climas tropicais (Mello et al., 2007). Nos trópicos, particularmente na região da Índia, ocorrem fortes monções que têm caraterísticas diferentes das da chuva pré-monção. Por outro lado, as atenuações devidas à neve, ao nevoeiro, etc., não são tão significativas no ambiente tropical. Os modelos de atenuação da chuva mais utilizados, nomeadamente, (ITU-R 2001, ITU-R Recommenation, 2005, ITU-R, 2013), SAM (Stutzman e Dishman, 1982), Modelo de Crane (Crane, 1971, 1980), mas todos estes modelos foram estabelecidos utilizando dados de atenuação da chuva provenientes, na sua maioria, de diferentes zonas climáticas temperadas. Consequentemente, estes modelos de previsão apresentam um desvio significativo ao estimarem a degradação da chuva nas regiões tropicais (Chakravarty e Maitra, 2010; Suryana et al., 2005). Por conseguinte, os modelos existentes têm de ser modificados de acordo com a variabilidade das caraterísticas da chuva tropical. No entanto, tendo em conta a complexidade e a variação do clima pluvial nas regiões tropicais, o estudo da atenuação da chuva na região tropical é ainda inadequado (Ajayi, 1996; Fidele Moupfouma et al., 1990; Maitra e Chakravarty, 2005; Maitra et al., 2007; Nirala e Cracknell, 2002; Das et al., 2010, 2011).

Há muitos anos que cientistas de vários domínios de investigação estão interessados em medir o tamanho e a velocidade das gotas de chuva. A este respeito, a literatura descreve um grande número de instrumentos. Estes instrumentos podem ser divididos em vários grupos, consoante o seu princípio de funcionamento físico. O primeiro grupo de instrumentos baseia-se em técnicas de impacto. Anteriormente, Diem (1956) efectuou uma investigação com o método do filtro. Este método exigia um grande esforço para avaliar as medições. Um outro instrumento deste grupo é o bem conhecido disdrómetro de Joss-Waldvogel (Jürg Joss e Waldvogel, 1967). Trata-se de um instrumento muito utilizado para a investigação da chuva. Um segundo grupo de instrumentos baseia-se em técnicas de imagem ótica. Alguns exemplos são a sonda de matriz ótica (Robert G. Knollenberg, 1970), a holografia tridimensional (Borrmann e Jaenicke, 1993), o pluviospectrómetro (Frank et al., 1994) baseado numa câmara de vídeo, o vídeo-drómetro (Schönhuber et al., 1994) com duas câmaras de varrimento em linha e o espetrómetro de partículas (Barthazy et al., 1998). Um terceiro grupo de cientistas utilizou uma grande variedade de técnicas de dispersão. Num desses grupos de técnicas, há contadores de partículas individuais, como a sonda de dispersão para a frente (R. G. Knollenberg, 1981), instrumentos de fase-Doppler (Bachalo, 1980; Domnick et al., 1993), ou sondas de extinção (Hauser et al., 1984; Grossklaus et al., 1998). Existem também instrumentos que sondam colectivos de partículas mais pequenos ou maiores através da utilização da difração de Fraunhofer (Lawson e Cormack, 1995; Löffler-Mang, 1998) ou da medição da retrodifusão de ondas de radar (Sheppard, 1990; Rogers et al., 1993; Löffler-Mang et al., 1999).

Os principais requisitos para todos estes instrumentos são que sejam suficientemente robustos e fiáveis para suportar condições meteorológicas variáveis ao longo do ano, que sejam fáceis de calibrar ou que não necessitem de calibração para minimizar os custos de funcionamento, que sejam baratos e que sejam capazes de medir com precisão o tamanho das gotas. Os disdrómetros ópticos são instrumentos relativamente novos que têm o potencial de satisfazer estes requisitos. Numa primeira tentativa de esclarecer as caraterísticas de erro dos disdrómetros ópticos, Donnadieu (1980) avaliou o desempenho de um espectropluviómetro fotoelétrico em conjunto com um disdrómetro de impacto Joss-Waldvogel (JW). O autor comparou as leituras de velocidade com a relação de velocidade de Gunn e Kinzer (Gunn e Kinzer, 1949), bem como com a distribuição do tamanho das gotas, a taxa de precipitação e a refletividade do radar, medidas pelos dois disdrómetros, e encontrou discrepâncias entre as medições da velocidade das gotas e a relação de Gunn e Kinzer. Posteriormente, propuseram correcções aos dados do JW para ter em conta estes desvios. Na literatura, encontram-se muitos outros Disdrómetros ópticos, e cada um deles tenta diminuir a incerteza do instrumento, reduzindo a sua suscetibilidade a uma fonte de incerteza percebida, ou aumentar a sua gama de gotas mensuráveis. Por exemplo, Hauser et al. (1984) descrevem o espectropluviómetro ótico (OSP), que funciona de forma semelhante ao distrómetro ótico de Thies. O Disdrómetro ótico de Thies (Clima, 2007) podia medir gotas tão pequenas como 0,14 mm de diâmetro.

Através de simulações computacionais, Löffler-Mang e Joss, (2000) estudaram a suscetibilidade dos Disdrómetros ópticos à deteção de gotas simultâneas e verificaram que a probabilidade de ocorrência de gotas simultâneas chega a ser de 10% durante eventos de precipitação intensa. Devido a esta perceção de erro potencial, os autores incorporaram no seu protótipo a correção proposta por Raasch e Umhauer, (1984). Nespor et al., (2000) observaram a ocorrência de recirculação no interior da câmara de medição do vídeo-drómetro bidimensional (2DVD) sob velocidades de vento simuladas variando de 1 ms^{-1} a 12 ms^{-1} . Um outro estudo efectuado por Habib e Krajewski (2001) mostrou que o efeito do vento é uma fonte potencial de erro na medição da distribuição do tamanho das gotas pelo 2DVD. Mais recentemente, Constantinescu et al., (2007) utilizaram a Dinâmica dos Fluidos Computacional (CFD) para estudar os efeitos do vento nos pluviómetros de balde basculante e demonstraram que estes instrumentos também são vulneráveis a erros induzidos pelo vento. Lanzinger et al., (2006) compararam três monitores de precipitação a laser (LPMs) Thies com um pluviómetro de fosso. Os autores verificaram que os LPMs mediram consistentemente quantidades de precipitação mais elevadas do que o pluviómetro de fosso, especialmente durante intensidades mais elevadas. Outra fonte de discrepância entre instrumentos que empregam diversas técnicas de medição é a sensibilidade variável a tamanhos específicos de gotas. Por exemplo, Campos e Zawadzki (2000) compararam as estimativas da relação entre a refletividade do radar e a taxa de precipitação fornecidas por três tipos de distrómetros: (1) distrómetro baseado em impacto (JW), (2) distrómetro ótico (espectropluviómetro ótico, OSP), e (3) um distrómetro baseado em radar chamado sistema de sensor de ocorrência de precipitação (POSS). Verificaram que, após a remoção de gotas com um diâmetro inferior a 0,7 mm, a concordância do nível de distribuição do tamanho das gotas era boa. No entanto, apesar da boa concordância do DSD, houve diferenças significativas entre as estimativas dos parâmetros das relações *Z-R* e entre os parâmetros estimados a partir do mesmo instrumento com diferentes técnicas. Caracciolo et al., (2006) compararam um multidrómetro de onda contínua de banda X denominado Pludix com um 2DVD, um JW e pluviómetros de balde basculante.

Mais recentemente, Brawn e Upton (2008) apresentaram um método para estimar os parâmetros da distribuição gama do tamanho da gota que minimiza o enviesamento e a imprecisão causados pela incapacidade de medir gotas mais pequenas com os Disdrómetros. Também examinaram um conjunto de dados mais limitado recolhido com um LPM Thies. Os autores verificaram que a capacidade do Disdrómetro ótico para ver uma gama mais vasta de tamanhos de gotas melhorou a estimativa dos parâmetros da distribuição gama.

O desenvolvimento das técnicas de teledeteção permite obter a longo prazo a distribuição do tamanho das gotas de chuva e os seus perfis verticais em grandes áreas (Bringi, Chandrasekar, Zrnic e Ulbrich, 2003; Kirankumar, Rao, Radhakrishna e Rao, 2008). No entanto, a grande variabilidade da distribuição do tamanho das gotas de chuva representa uma fonte importante de imprecisão na estimativa da precipitação, especialmente no caso de gotas inferiores a cerca de 1,5 mm, devido à sensibilidade e precisão limitadas das técnicas de deteção remota disponíveis (Williams et al., 2000).

A velocidade de queda da gota de chuva é um parâmetro igualmente importante e está intimamente relacionado com a distribuição do tamanho da gota de chuva e com vários outros parâmetros integrais. As medições da velocidade terminal de Gunn e Kinzer (1949), em condições laboratoriais calmas, ainda são consideradas o padrão (Thurai et al., 2017). Mas estudos recentes indicaram que a turbulência (Pinsky e Khain, 1996) e a desagregação/coalescência das gotas de chuva (Martínez et al., 2009) também podem influenciar a velocidade de queda das gotas de chuva. Os efeitos complexos dos movimentos do ar e de outros factores sobre a velocidade de queda das gotas de chuva não foram adequadamente abordados, especialmente no contexto das medições do tamanho das gotas de chuva (Niu et al., 2010).

A medição exacta da velocidade de queda de gotas em condições naturais ao ar livre tem sido uma questão de longa data e altamente desafiadora na comunidade meteorológica (Yu et al., 2016). O LPM é um distrómetro ótico que mede simultaneamente o tamanho e a velocidade das gotas de precipitação ao nível do solo (Sarkar et al., 2015) e detecta com fiabilidade gotas mais pequenas (Löffler-Mang e Joss, 2000).

2.2. Motivação

A pesquisa bibliográfica acima referida revela que, anteriormente, foram utilizadas várias técnicas para classificar a chuva. Mas todos estes métodos se baseiam em modelos empíricos que consideram os parâmetros, nomeadamente: *Z-R* (relação entre a refletividade e a intensidade da chuva), parâmetros DSD como o diâmetro médio ponderado em massa D_m e o parâmetro de interceção normalizado N_w , a banda brilhante na refletividade do radar, a intensidade do eco do radar e a temperatura de brilho das micro-ondas. Todas estas técnicas têm as suas próprias vantagens e desvantagens, pelo que é essencial um estudo pormenorizado para avaliar diferentes técnicas de classificação da chuva utilizando uma série de instrumentos. Além disso, deve ser explorada a classificação da chuva com base numa abordagem estatística que tenha em conta as propriedades microfísicas da chuva.

As primeiras investigações mostram que a radiometria de micro-ondas pode ser utilizada para estimar a intensidade da precipitação, uma vez que existe uma boa relação entre a temperatura de brilho medida pelo Radiómetro e a intensidade da chuva. Isto motivou-nos a estimar a intensidade da precipitação a partir das observações da temperatura de brilho observadas pelo Radiómetro, tendo em conta as condições climáticas tropicais. O objetivo deste estudo é também encontrar o período de tempo ideal para medir e comparar os dados do pluviómetro e as medições do Radiómetro.
No passado, foram desenvolvidos vários modelos de estimativa da atenuação da chuva, baseados em dados recolhidos em zonas climáticas temperadas. A maioria destes modelos existentes não apresenta um desempenho satisfatório nas regiões tropicais, onde é frequente a ocorrência de chuva convectiva intensa. Assim, os modelos existentes devem ser estudados e avaliados em função da variabilidade das caraterísticas da chuva tropical. Outros estudos sobre a atenuação da chuva são muito importantes para a conceção optimizada de ligações de comunicações por satélite em bandas de alta frequência, acima dos 10 GHz.
As medições exactas da velocidade de queda das gotas de chuva em condições naturais ao ar livre e a abordagem da vasta diversidade espacial dos tamanhos das gotas têm sido um problema de longa data e altamente desafiante para a comunidade meteorológica. O LPM é um distrómetro ótico que mede simultaneamente o tamanho e a velocidade das gotas de precipitação ao nível do solo e também as gotas mais pequenas são detectadas de forma fiável pelo LPM. Assim, as medições do LPM devem ser exploradas em pormenor para analisar o tamanho das gotas de chuva e as distribuições da velocidade de queda sobre a localização tropical sob diferentes condições de chuva, para avaliar o efeito do vento vertical nas caraterísticas das gotas de chuva.

Capítulo 3

Instrumentos e dados experimentais

3.1. Introdução

No presente estudo, foram medidos e analisados vários parâmetros e caraterísticas associados à chuva, utilizando observações coligidas por uma série de instrumentos instalados no Instituto de Radiofísica e Eletrónica da Universidade de Calcutá. Os instrumentos foram utilizados para estudar e analisar diferentes propriedades microfísicas e caraterísticas da chuva, que desempenham um papel importante na determinação dos tipos de chuva, na estimativa da intensidade da precipitação e na avaliação da atenuação da chuva na região tropical de Calcutá. As descrições destes instrumentos são as seguintes.

3.2. Radiómetro (RPG-HATPRO)

Fig. 3.1 : Radiómetro RPG-HATRPO no local de estudo

Os perfis de temperatura e humidade podem ser obtidos a partir de um radiómetro de micro-ondas instalado no solo com base nos princípios da radiometria (Askne e Westwater, 1986). O radiómetro de micro-ondas é um recetor passivo de baixo ruído e alto ganho, capaz de fornecer perfis atmosféricos contínuos com elevada resolução temporal e espacial perto do solo, na camada limite planetária e para além desta, até 10 km de altura. Esta caraterística específica do radiómetro de micro-ondas é útil para avaliar e modelizar vários parâmetros meteorológicos.

A deteção remota passiva por micro-ondas fornece uma medição precisa da coluna de água líquida na direção vertical sobre a superfície terrestre até à data. Radiómetros de canal duplo forneceram medições de LWP e IWV com elevada precisão ao longo de três décadas (Westwater, 1978). Foram introduzidas outras melhorias na obtenção da LWP através da inclusão de canais de micro-ondas adicionais (Bosisio e Mallet, 1998) e da combinação de medições de Radiómetros de micro-ondas com outros instrumentos terrestres (Han e Westwater, 1995). Solheim et al. (1998) sugeriram a potencialidade do Radiómetro multicanal na obtenção do perfil do teor de água nas nuvens.

3.2.1. Configuração de hardware

O diagrama esquemático de um sistema Radiómetro típico está representado na figura 3.2. Os blocos funcionais básicos do Radiómetro incluem: (1) Sistema ótico do recetor com uma corneta de alimentação ondulada para cada banda de frequência com espelho de varrimento; (2) Duas unidades receptoras (22,24-31,4 GHz,

51,3-59 GHz), (3) Carga ambiente para calibração periódica do sistema, e (4) Sistema interno de varrimento e aquisição de dados.

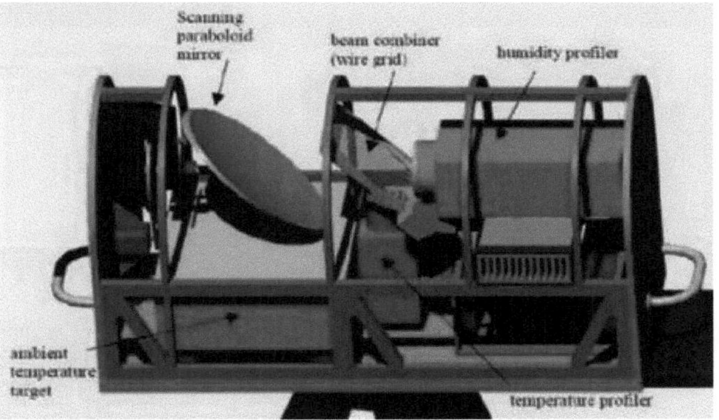

Fig. 3.2 : Estrutura interna da RPG-HATPRO

A secção ótica inclui uma HPBW (Humidity Profiler Beam Width) de 3,5° e TPBW

(Largura do feixe do perfilador de temperatura) de 2,5° com um elevado rácio de rejeição do lóbulo lateral de -30 dB. A secção ótica ajuda a reduzir os problemas de ondas estacionárias, melhorando assim a estabilidade e a precisão da calibração do Radiómetro. A estrutura ondulada da corneta de alimentação proporciona um baixo nível de polarização cruzada e um padrão de feixe rotacionalmente simétrico.

Para combinar os feixes dos dois perfiladores, é utilizada uma grelha de arame polarizador e, em seguida, o feixe sobreposto é refletido por um espelho paraboloide fora do eixo. Este paraboloide é também utilizado para o varrimento e calibração da elevação. O alvo de temperatura ambiente é colocado por baixo do espelho de varrimento para uma calibração de precisão, sendo também necessário um alvo externo para a calibração absoluta com um padrão de calibração arrefecido a azoto líquido. Os receptores estão integrados nas respectivas cornetas de alimentação e são isolados termicamente para obter uma elevada estabilidade térmica.

3.2.2. Teoria de funcionamento

Os espectros de absorção que regem a seleção de frequências específicas, a utilizar para a deteção de diferentes parâmetros atmosféricos, já foram discutidos no capítulo de introdução. A partir dos espectros de absorção, verifica-se que a primeira banda (22-31 GHz) pode ser utilizada para a caraterização do vapor de água e da água líquida, enquanto a segunda banda (51-58 GHz) é utilizada para a caraterização da temperatura da atmosfera.

Além disso, um radiómetro de infravermelhos permite obter a altura da base das nuvens (CBH) e os perfis de água líquida (LPR) da atmosfera. Para o resto das frequências mais afastadas da linha de centro, a atmosfera torna-se mais transparente e os canais recebem radiação proveniente de regiões mais distantes do radiómetro.

3.2.3. Modos de funcionamento

Os Radiómetros RPG-HATPRO (RPG-HATPRO Operating Manual, Rose e Czekala, 2009) suportam dois modos de perfilamento da temperatura, nomeadamente, perfilamento da troposfera total (varrimento de frequência através da linha de oxigénio) e varrimento da camada limite (varrimento de elevação a 54,9 e 58 GHz).

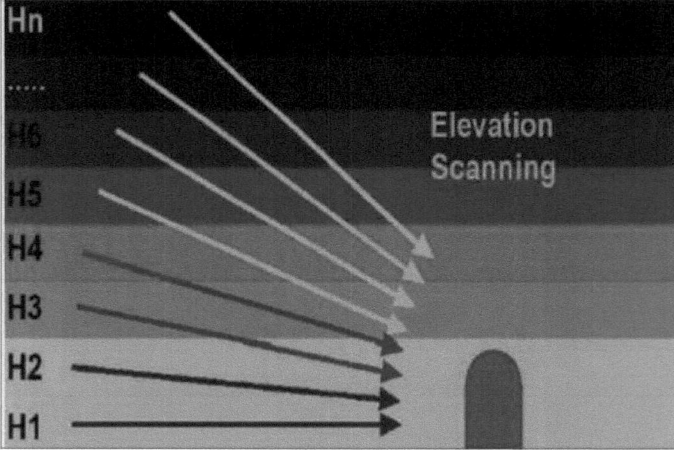

Fig. 3.3 : Diagrama esquemático do modo de varrimento da camada limite

No caso do perfil de temperatura da camada limite, a varredura de elevação é feita entre 5° e o zénite, como mostrado na Figura 3.3. Nas frequências de 54,9 GHz e 58 GHz, a atmosfera é opticamente espessa. As respectivas funções de ponderação atingem o pico a 500 m a 58 GHz e a 1000 m a 54,9 GHz. A estabilidade e a precisão do recetor têm de ser optimizadas para pequenas variações de temperatura de brilho no método de varrimento de elevação. A estabilidade do recetor é superior a 0,03 K em toda a gama de temperaturas de funcionamento (-30°C a 40°C) para garantir uma elevada estabilidade de ganho durante as medições (>200 seg). A temperatura de ruído do recetor é minimizada para ser melhor que 700 K para reduzir o nível geral de ruído.

3.2.4. Esquemas de recuperação

O RPG HATPRO utiliza um esquema de recuperação de regressão quadrática para recuperar perfis de temperatura e humidade relativa em tempo real a partir de conjuntos de dados de temperatura de brilho e de dados de sensores meteorológicos. As temperaturas de brilho na banda (22-31 GHz) são utilizadas para a obtenção de perfis de humidade relativa, enquanto a outra banda (51-58 GHz) é utilizada na obtenção de perfis de temperatura (Chakraborty e Maitra, 2016).

3.2.5. Parâmetro Especificações do Radiómetro

As especificações da RPG-HATPRO são as seguintes

Quadro 3. 1: Especificações do Radiómetro (RPG-HATPRO)

1. desempenho do perfil de humidade	
Resolução vertical: **Exatidão:**	200 m (gama 0-2000 m), 400 m (gama 2000-5000 m), 800 m (gama 5000-10000 m) 0,4 g/m3 RMS (humidade absoluta) 5% RMS (humidade rel.)
2. Desempenho do perfil de temperatura	
Resolução vertical: **Exatidão:**	Modo BL: 50 m (gama 0 - 1200 m) Modo Z: 200 m (gama 1200 - 5000 m), 400 m (gama 5000 -10000 m) 0,25 K RMS (gama 0 - 1200 m) 0,50 RMS (gama 1200 - 5000 m) 1,00K RMS (gama 5000 - 10000 m)
3. frequências de canal	Banda K: 22,24 GHz, 23,04 GHz, 23,84 GHz, 25,44 GHz, 26,24 GHz, 27,84 GHz, 31,4 GHz Banda V: 51,26 GHz, 52,28 GHz, 53,86 GHz, 54,94 GHz, 56,66 GHz, 57,3 GHz, 58,0 GHz
4. largura de banda do canal	2000 MHz a 58,0 GHz, 1000 MHz a 57,3 GHz, 600 MHz @ 56,66 GHz, 230 MHz @ todas as outras frequências
5. Detalhes do Radiómetro IR	Banda de 9,2-10,6 μm, precisão 1 K
6. Temperaturas de ruído	< 400 K para 22-31 GHz < 700 K para 51,4-58,0 GHz
7. precisão absoluta BT	0.5 K
8. gama radiométrica	0-800 K
9. tempo de integração	> =0,4 segundos para cada canal, selecionável pelo utilizador
10. taxa de amostragem	> 1 seg., selecionável pelo utilizador
11. resolução ótica	HPBW: 3,5° para vapor, 1,8° para perfilador de temperatura

3.3. Disdrómetro

Um disdrómetro terrestre do tipo Joss (Disdrometer RD-80) fornece continuamente medições terrestres da distribuição do tamanho das gotas de chuva e parâmetros integrais da chuva. A unidade exterior do instrumento (Figura 3.4) tem um diafragma e está ligada a 7 sensores de pressão de canal, que são capazes de detetar 20 classes de tamanho de gotas de chuva. A gama de diâmetros de gota para a distribuição do tamanho da gota medida vai de 0,3 mm a 5,5 mm com um tempo de integração de 30 segundos. As gotas mais pequenas do que 0,3 mm não podem ser medidas devido à limitação de sensibilidade do diafragma. As gotas maiores (> 5 mm) são também muito instáveis e a sua ocorrência é estatisticamente insignificante. O Disdrómetro RD-80 mede a distribuição do tamanho das gotas de chuva que caem sobre a superfície sensível do sensor. O Disdrometer mede as gotas em 127 classes de diâmetro de gota (Manual do Disdrometer RD-80; Distromet, 2001). No entanto, a saída final categoriza as gotas em 20 compartimentos para reduzir os dados, fornecendo resultados significativos. As 20 classes de tamanho de gota distribuídas pela gama disponível de diâmetros de gota são apresentadas na Tabela 3.2.

Tabela 3. 2 : Gama de diâmetros de gota

Detalhes da classe de tamanho das gotas Caixas de tamanho das gotas	Diâmetro de queda mais baixo (mm)	Diâmetro médio (mm)	Velocidade de queda (m/s)	Tamanho do contentor (mm)
1	0.313	0.359	1.435	0.092
2	0.405	0.455	1.862	0.100
3	0.505	0.551	2.267	0.091

4	0.596	0.656	2.692	0.119
5	0.715	0.771	3.154	0.112
6	0.827	0.913	3.717	0.172
7	0.999	1.116	4.382	0.233
8	1.232	1.331	4.986	0.197
9	1.429	1.506	5.423	0.153
10	1.582	1.665	5.793	0.166
11	1.748	1.912	6.315	0.329
12	2.077	2.259	7.009	0.364
13	2.441	2.584	7.546	0.286
14	2.727	2.869	7.903	0.284
15	3.011	3.198	8.258	0.374
16	3.385	3.544	8.556	0.319
17	3.704	3.916	8.784	0.423
18	4.127	4.350	8.965	0.446
19	4.573	4.859	9.076	0.572
20	5.145	5.373	9.137	0.455

Fig. 3.4: Unidade exterior do Disdrómetro no local da experiência

3.3.1. Teoria de funcionamento

O sensor transforma o momento mecânico de uma gota em impacto num impulso elétrico. A amplitude do impulso é aproximadamente proporcional ao momento mecânico. O sensor é constituído por uma caixa metálica cilíndrica que contém um transdutor eletromecânico e um módulo amplificador. O processador contém circuitos para eliminar sinais indesejados, resultantes principalmente de ruído acústico, e produz um código de 7 bits na saída para cada gota que atinge a superfície sensível do sensor (Bartholomew, 2016).

A distribuição do tamanho das gotas de chuva é normalmente representada pela função *N(D~)*, a concentração do número de gotas de chuva com o diâmetro *D* por unidade de volume de ar. A função *N(D~)* é altamente variável e não pode ser dada numa forma simples e única devido aos processos complicados envolvidos na formação da precipitação. A quantidade $N(D_i)$, a densidade numérica de gotas de um determinado diâmetro correspondente à classe de tamanho *i* por unidade de volume, é primeiro calculada a partir dos dados para cada tamanho de gota de acordo com a fórmula:

$$N(D_i) = \frac{n_i}{F \times t \times v(D_i) \times \Delta D_i} \qquad (3.1)$$

Em que n_i é o número de gotas medidas no tamanho da gota, D_i é o diâmetro médio das gotas na classe *i, F* é o tamanho da superfície sensível do Disdrómetro, t é o tempo em segundos, $v(D_i)$ é a velocidade de queda da gota com o diâmetro específico e ΔD_i é o intervalo de diâmetro da classe de tamanho de gota *i.* A taxa de precipitação *(R~)* e o fator de refletividade do radar (Z) são derivados das seguintes relações:

$$R = \frac{\pi}{6} \times \frac{3.6}{10^3} \times \frac{1}{F \times t} \times \sum_{i=1}^{20} (n_i \times D_i^3) \qquad (3.2)$$

$$Z = \frac{1}{F \times t} \times \sum_{i=1}^{20} \frac{n_i \times D_i^6}{v(D_i)} \qquad (3.3)$$

3.3.2. Configuração do hardware

A configuração do hardware do Disdrómetro RD-80 consiste em duas unidades principais: (A) o sensor é a unidade exterior e está exposto à chuva, e (B) o processador é uma unidade interior, ligada ao computador (armazenamento de dados), como se mostra na Figura 3.5.

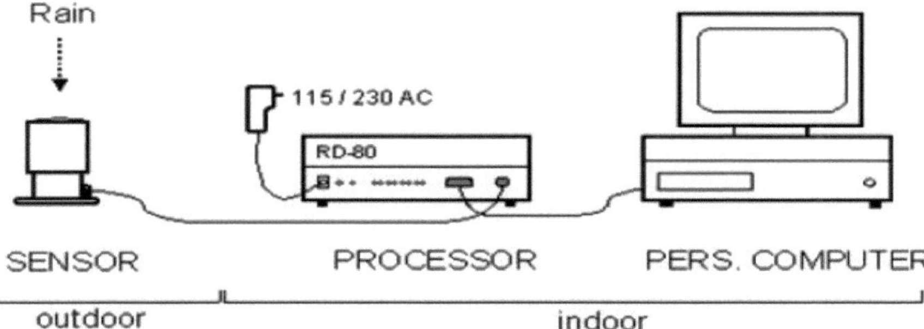

Fig. 3. 5: Unidades interiores e exteriores do Disdrómetro

Na Figura 3.6, a configuração eletrónica do Disdrometer é apresentada esquematicamente.

O sensor

O sensor é composto por dois elementos, uma unidade eletroquímica e um módulo amplificador. Um corpo cónico de esferovite é utilizado para transmitir o impulso mecânico de uma gota de impacto a um conjunto de duas bobinas móveis em campos magnéticos. Quando as gotas de chuva caem sobre o corpo de esferovite, o impacto mecânico é convertido em sinais eléctricos que são captados pelo módulo amplificador. O módulo amplificador amplifica os sinais antes de os enviar para a bobina motriz. Assim que a bobina motriz começa a receber os sinais eléctricos, cria uma força de restrição para contrariar o movimento. A amplitude do impulso de tensão na saída do amplificador é a medida do tamanho da queda que foi responsável pela criação do impulso de tensão em primeiro lugar.

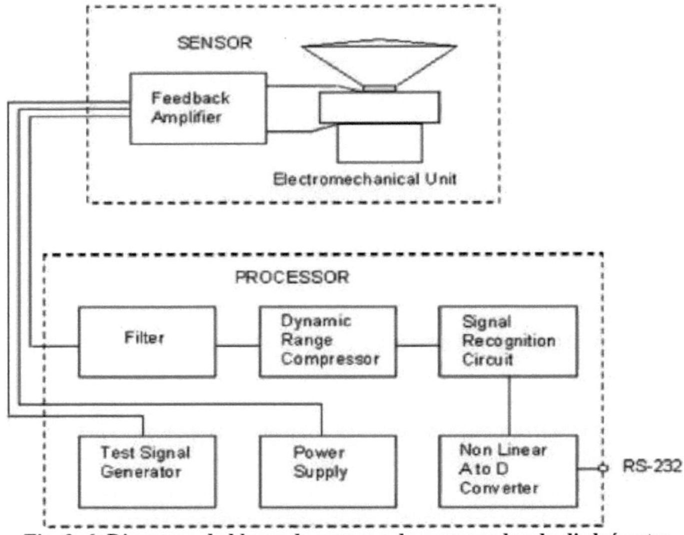

Fig. 3. 6: Diagrama de blocos do sensor e do processador do disdrómetro

O processador

O processador executa as seguintes funções:

i) Alimentação eléctrica do sensor: A fonte de alimentação incorporada gera tensões DC reguladas de +15 V e -15 V para alimentar o sensor e os circuitos do processador.

ii) Processamento do sinal: O circuito de processamento do sinal é constituído por um filtro de redução do ruído, um compressor de gama dinâmica, um circuito de reconhecimento do sinal e um conversor AD não linear. O filtro redutor de ruído é um filtro ativo passa-banda, cuja resposta em frequência é concebida de modo a obter uma relação óptima entre o sinal das gotas de chuva e o sinal do ruído acústico que afecta o sensor. O circuito de reconhecimento do sinal pode distinguir entre os impulsos de sinal causados pelas gotas que atingem o sensor e as oscilações uniformes causadas pelo ruído acústico. É, no entanto, necessário que os impulsos causados pelas gotas de chuva excedam as oscilações causadas pelo ruído acústico. Neste caso, uma porta passa os impulsos para o conversor AD. O conversor analógico-digital tem uma caraterística de conversão exponencial. Ele gera um código de 7 bits na interface RS-232 do processador para cada gota medida pelo sensor.

iii) Teste de desempenho do instrumento: O circuito de teste é constituído por um multivibrador estável cuja saída é alimentada diretamente na bobina de acionamento do sensor. São gerados sinais para indicar o erro se o sensor não estiver corretamente ligado ou se alguma parte do processador não estiver a funcionar corretamente.

3.4. Micro Rain Radar (MRR)

O Micro Rain Radar (MRR) é um radar FM-CW que obtém taxas quantitativas de chuva, distribuições de tamanho de gota, refletividade de radar, velocidade de queda de hidrometeoros e outros parâmetros de chuva simultaneamente em perfis verticais até 6 km acima do radar. Funciona com radiação electromagnética a uma frequência de 24 GHz com uma modulação de 0,5 - 15 MHz de acordo com a resolução em altura (por exemplo, 200 m - 10 m). No nosso local de estudo, o MRR é operado com intervalos de amostragem de 30 s com uma resolução de alcance de 200 m e, consequentemente, foi atingida a altura máxima mensurável de 6 km.

Fig. 3. 7 : Unidade exterior de MRR no local do estudo

3.4.1. Princípio de medição

A radiação electromagnética é transmitida verticalmente para a atmosfera, onde uma pequena parte do sinal é espalhada de volta para a antena pelas gotas de chuva ou outras formas de precipitação. Devido à velocidade de queda das gotas de chuva, existe um desvio de frequência entre o sinal transmitido e o recebido (frequência Doppler). Esta frequência é uma medida da velocidade de queda das gotas de chuva. Uma vez que gotas com diferentes diâmetros têm diferentes velocidades de queda, o sinal retrodifundido consiste numa distribuição de diferentes frequências Doppler. A análise espetral do sinal recebido produz um espetro de potência que se distribui por uma gama de linhas de frequências correspondentes às frequências Doppler do sinal (manual do utilizador do MRR, 2011).

3.4.2. Sistema de radar em MRR

O dispositivo de controlo e processamento do RADAR (RCPD) determina o espetro de potência com uma resolução temporal elevada (10 por segundo) e envia espectros de potência médios de 10 em 10 s para um computador ligado. O espetro de refletividade é calculado tendo em conta os parâmetros de calibração do módulo RADAR. Utilizando relações conhecidas entre a velocidade de queda e o tamanho das gotas de chuva e as secções transversais de dispersão das gotas de chuva, obtém-se o espetro de gotas (ou distribuição do tamanho das gotas). Considerando outros termos de correção, a integração é feita ao longo de toda a distribuição do tamanho da gota, seguida de uma média de 10 a 3600 segundos, obtendo-se a taxa de precipitação e o teor de água líquida.

O sinal de saída do RADAR é transmitido continuamente (modo CW), uma modulação linearmente decrescente do sinal de transmissão (modo FM) torna possível realizar medições de perfil com resolução de alcance selecionável. A antena do RADAR é um prato parabólico deslocado com orientação vertical do feixe. Esta conceção da antena permite que a água da chuva escorra sem se acumular na antena parabólica. A figura 3.8 mostra esquematicamente o diagrama de blocos da estrutura interna do MRR.

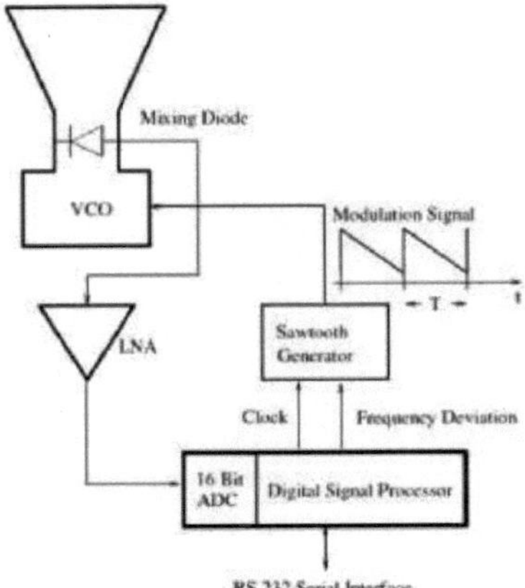

Fig. 3. 8: Diagrama de blocos da estrutura interna do MRR

3.4.3. Especificações técnicas do MRR

As especificações do Micro Rain Radar são as seguintes

Tabela 3. 3: Especificações MRR (módulo RCPD)

Frequência de funcionamento:	24.230GHz
Modo de funcionamento:	FMCW
Modulação:	1,5 -15MHz
Potência de saída:	50mW(+17dBm)
Alimentação eléctrica:	24 VDC / 1A

Tabela 3. 4: Especificações da antena

Tipo:	antena parabólica offset
Diâmetro:	600 mm
Largura do feixe de 3 dB	aprox. 2
Ganho:	40,1 dBi

3.5. Monitor de campo elétrico (EFM)

Um monitor de campo elétrico atmosférico (EFM), ilustrado na figura 3.9, mede o campo elétrico atmosférico devido à presença de nuvens em kV/m com um tempo de amostragem de 1 s. A carga eléctrica contida nas nuvens gera um campo elétrico. Este campo pode ser medido no solo. Os dados do campo elétrico são adquiridos a uma frequência de 2 Hz (Jana e Maitra, 2019). Os campos eléctricos que acompanham as trovoadas medem normalmente na ordem dos milhares de V/m. O campo elétrico medido pelo EFM varia entre -20 e + 20 kV/m.

Fig. 3. 9: Monitor de Campo Elétrico Atmosférico EFM-100

3.5.1. Princípio de medição

Um moinho de campo elétrico utiliza um chopper mecânico para proteger e expor alternadamente várias placas de deteção a um campo elétrico. À medida que as placas de deteção são expostas ao campo elétrico, uma carga eléctrica é conduzida da terra para as placas através de uma resistência de deteção. Quando as placas de deteção são protegidas do campo, a carga flui de volta para a terra, novamente através da resistência de deteção. Esta carga em movimento é uma corrente eléctrica que é medida como uma tensão CA através da resistência de deteção. O tamanho da tensão é proporcional ao tamanho do campo elétrico aplicado às placas (Bloemink, 2013; Manual EFM-100). A carga que flui para dentro e para fora dos eléctrodos de deteção irá desenvolver uma tensão através da resistência de deteção. Esta tensão é amplificada e introduzida num interrutor analógico juntamente com uma versão fora de fase do sinal.

3.5.2. Ligação externa

A saída RS-485 opcional permite a instalação do EFM-100 (Figura 3.10) para ligar um computador distante para visualizar e armazenar os dados registados, como mostra a Figura 3.10.

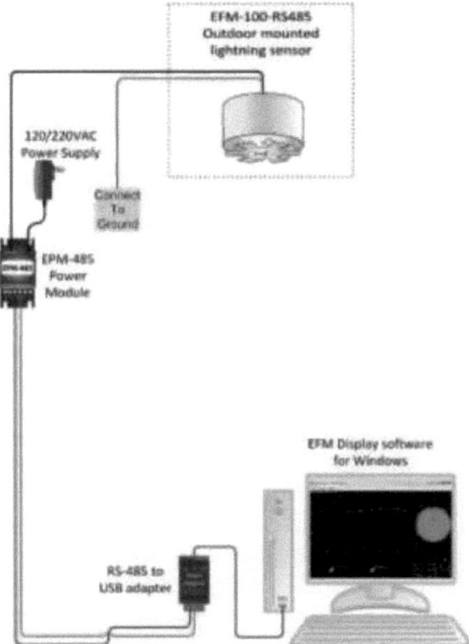

Fig. 3. 10: Ligação EFM com saída RS-485

3.6. Monitor de Precipitação a Laser (LPM)

O LPM é um distrómetro ótico utilizado para a caraterização de partículas de precipitação. É fiável e preciso para a medição de diferentes tipos de precipitação. O LPM facilita as medições da quantidade, da intensidade, do tamanho das partículas e da velocidade da precipitação. A principal vantagem do Disdrómetro é que pode medir de forma fiável partículas muito pequenas com um diâmetro tão pequeno como 0,16 mm. O Disdrómetro detecta e discrimina os diferentes tipos de precipitação como chuvisco, chuva, granizo, neve, grãos de neve, graupel (granizo de neve, pellets de neve) e pellets de gelo. O Disdrómetro calcula a intensidade, o volume (equivalente de água) e o espetro da precipitação (diâmetro e velocidade), bem como a visibilidade meteorológica (MOR) na chuva e a refletividade do radar (*Z*) (Clima, 2007).

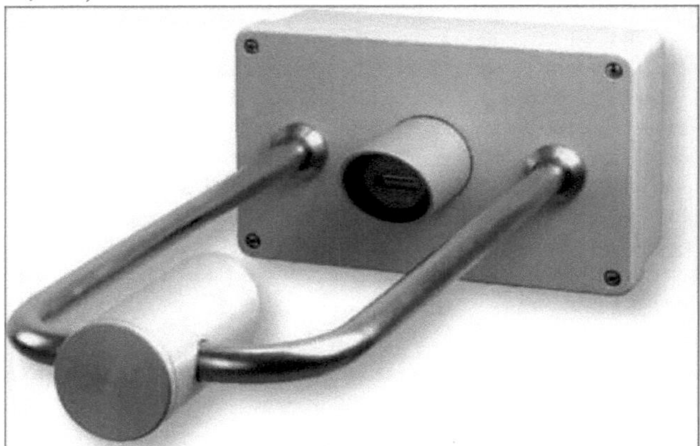

Fig. 3. 11 : Monitor de Precipitação a Laser - Disdrómetro Ótico

3.6.1. Princípio de medição

Uma fonte de radiação laser (díodo laser) produz um feixe de luz infravermelha paralela de comprimento de onda de 785 nm. Um fotodíodo com uma lente está situado no lado do recetor e mede a intensidade ótica transformando o feixe de luz num sinal elétrico.

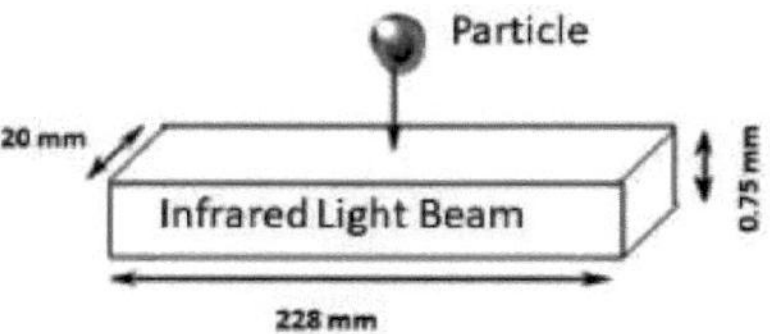

Fig. 3. 12 : Medição das partículas de precipitação

Quando uma partícula atravessa o feixe de luz (área de medição 46 cm^2), o sinal de receção é reduzido. O diâmetro da partícula é calculado a partir da amplitude do sinal reduzido. Além disso, a velocidade de queda da partícula é determinada a partir da duração do sinal reduzido.

Os valores medidos são processados por um processador de sinal (DSP) e verificados quanto à sua plausibilidade (por exemplo, acertos de borda). O cálculo inclui a intensidade, a quantidade e o tipo de precipitação (chuvisco, chuva, neve, granizo suave, granizo, bem como precipitação mista) e o espetro de partículas (distribuição das partículas ao longo da classe de classificação).

O tipo de precipitação é determinado a partir da proporção estatística de todas as partículas referentes ao diâmetro e à velocidade. Os dados calculados são memorizados durante um minuto, e depois transmitidos através da interface série (Clima, 2007).

3.6.2. Interface e ligações

Todos os dados são transmitidos através da interface RS-485 para processamento posterior. O SYNOP, de acordo com a Tabela 4680, e o METAR, de acordo com a Tabela 4678, também são transmitidos (Clima, 2007). Com o software PCSoftware LNM-view, todos os valores de medição fornecidos pelo LNM podem ser adquiridos, arquivados e analisados. É utilizada uma tecnologia especial que elimina a possível influência da luz extrínseca. Para efeitos de comunicação, estão disponíveis as saídas RS-485 e duas saídas digitais de optoacoplador.

3.6.3. Especificações

Tabela 3. 5 : Especificações do Thies Clima LPM

1. Princípios de funcionamento	Laser 785 nm, máx. 0,5 mW de potência ótica
2. área de medição	46 cm^2 (23×2,0 cm)
3. classificação do disdrómetro	440 classes (22 diâmetros × 20 velocidades)
4. tamanho das partículas	0,16.> 8 mm
5. velocidade das partículas	0,2...20 m/s
6. intensidade mínima	0,005 mm/hr, chuvisco
7. intensidade máxima	250 mm/hr.
8. visibilidade da precipitação	MOR 0,99,99 m
9. refletividade do radar	Z= -9.9.99.9 dBz
10. resolução temporal	60 s

3.7. Outras fontes de dados

A campanha CHUVA, que significa "Os Processos de Nuvem dos Principais Sistemas de Precipitação no Brasil: Uma contribuição para a modelagem de resolução de nuvens e para a Medição Global de Precipitação", foi realizada em março de 2010 em seis localidades do Brasil. Os dados radiométricos coletados no âmbito deste projeto (CHUVA) por um Radiômetro terrestre (MP-3000A) e os dados de chuva coletados por um pluviômetro sobre as localidades de Belém, Alcântara e Vale do Paraíba também foram utilizados para determinadas investigações incluídas no presente estudo.

Capítulo 4

Chuva multitécnica Classificação sobre um local tropical

4.1. Introdução

Foram utilizados numerosos métodos para discriminar os regimes convectivos e estratiformes num sistema de nuvens. Mas todos estes métodos baseiam-se em modelos empíricos (Kumar et al., 2011) que consideram os seguintes parâmetros: *Z-R* (relação entre refletividade e intensidade da precipitação), parâmetros *DSD* como o diâmetro médio ponderado em massa D_m e o parâmetro de interceção normalizado N_w (Thurai et al., 2010) , a presença de banda brilhante nos perfis de refletividade do radar (Martner, 2005), intensidade do eco do radar e diferenças de temperatura de brilho das micro-ondas (Renju et al., 2016). Por conseguinte, era importante avaliar a capacidade das várias técnicas de classificação da chuva. Também a este respeito, deviam ser propostas novas técnicas que dessem mais informações sobre a classificação baseada nas propriedades microfísicas da chuva.

O presente estudo classifica as precipitações em duas categorias, nomeadamente estratiforme e convectiva, a partir de múltiplas técnicas, utilizando medições do Micro Rain Radar (MRR), do Monitor de Campo Elétrico (EFM), do Radiómetro e do Disdrómetro. Também foi proposta no presente estudo uma nova técnica de classificação da chuva, baseada no rácio de momento. O objetivo do estudo foi não só distinguir as chuvas estratiformes, convectivas e mistas, mas também estudar a sua variação sazonal e ocorrências em percentagem. No presente contexto, o termo chuva mista refere-se às fases que não pertencem nem ao tipo estratiforme nem ao tipo convectivo.

No presente estudo, foram utilizadas observações experimentais com quatro instrumentos, todos operados no Instituto de Radiofísica e Eletrónica da Universidade de Calcutá, Calcutá (22 34 N, 88 22 E), Índia. Os quatro instrumentos utilizados para este estudo são um disdrómetro de impacto do tipo Joss-Waldvogel (JWD), um micro radar de chuva (MRR), um radiómetro multifrequência (RPG-HATPRO) e um monitor de campo elétrico (EFM).

Calcutá é uma localidade urbana situada perto da fronteira terra-oceano da Baía de Bengala, na região tropical. As quatro estações predominantes neste local são o inverno (janeiro e fevereiro), a pré-monção (março, abril e maio), a monção de verão (junho, julho, agosto e setembro) e a pós-monção (outubro, novembro e dezembro). As estações da pré-monção e da monção de verão registam a maior parte da precipitação neste local. Os dados da pré-monção e da monção relativos aos anos de 2011 e 2014, provenientes dos quatro instrumentos, são utilizados para classificar os eventos convectivos e estratiformes.

4.2. Metodologia

Nos últimos tempos, as medições da chuva baseiam-se principalmente em pluviómetros, radares meteorológicos e dados de satélite. O pluviómetro, sendo um dispositivo de medição terrestre, tem limitações em termos de cobertura espacial. No entanto, a monitorização da chuva com base no espaço pode abranger uma vasta cobertura espacial e temporal moderada. O estudo centrou-se na utilização de múltiplas técnicas para a classificação da chuva, utilizando medições MRR, EFM, Radiómetro e Disdrómetro, e na proposta de uma nova técnica, designada por técnica do Método dos Momentos, para a classificação da chuva, que também pode ser utilizada em sistemas de monitorização da chuva baseados no espaço.

4.2.1. Classificação da chuva com base na refletividade MRR, assinaturas de bandas brilhantes (BB) e de bandas não brilhantes (NBB)

A chuva do tipo estratiforme (convectiva) distingue-se pela assinatura BB (NBB) na refletividade do radar (Martner et al., 2008; Austin e Bemis, 1950; Stewart et al., 1984; Willis e Heymsfield, 1989; J. P. Williams et al., 1995). Devido à agregação de partículas de gelo, observa-se uma camada horizontal fina e melhorada do padrão de reflexão do radar conhecida como "banda brilhante" (BB) durante a precipitação estratiforme (Robert A Houze Jr, 1997). No entanto, durante a precipitação convectiva, não há agregação de partículas de gelo devido a fortes correntes ascendentes e descendentes (Maitra et al., 2019) e, portanto, não haverá BB, ou seja, a condição NBB prevalece durante a chuva convectiva (Yuter e Houze Jr, 1997; White et al., 2003). Assim, a assinatura BB (NBB) do perfil de refectividade MRR e a intensidade do eco (*Z* dBZ) a uma altura de 200 m foram escolhidas como critérios para diferenciar os tipos de precipitação durante os períodos de pré-monção e monção do ano 2011 e 2014.

Uma intensidade de eco < 40 dBZ (Anagnostou, 2004; J. Yang et al., 2016; Gamache e Houze Jr, 1982) foi considerada como o valor limite para identificar precipitações estratiformes. Figura 4.1 mostra um evento ocorrido em 17 de junho de 2011 com precipitação convectiva (C - cor vermelha), estratiforme (S - cor azul) e

durações de chuva mista (cor M-magenta), distinguidas e demarcadas em termos de refletividade MRR e perfil de chuva. As durações convectivas com taxas de chuva > 20 mm/h apresentam uma intensidade de eco > 40 dBZ, enquanto as secções estratiformes apresentam taxas de chuva mais baixas (< 20 mm/h) e menor refletividade (< 40 dBZ).

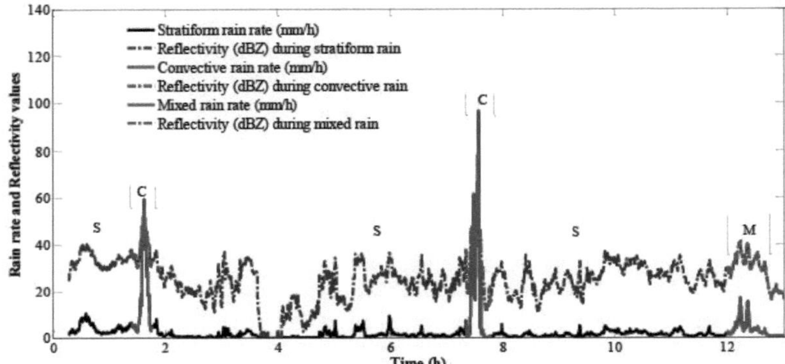

Fig. 4. 1: Evento MRR (17th junho 2011) - As secções C (vermelho) indicam chuva convectiva, S (azul)

indica chuva estratiforme e M (magenta) indica chuva de tipo misto

As diferentes secções do evento MRR de 17 de junho de 2011 (Figura 4.1) são apresentadas separadamente em

Figuras 4.2, 4.3 e 4.4 em termos de perfil de chuva, refletividade MRR e assinatura BB (NBB). A Figura 4.2 mostra que há ausência de banda brilhante durante a chuva convectiva a partir das 7.4 horas, hora padrão da Índia (IST). No entanto, a taxa de chuva e a refletividade do radar durante esta duração convectiva são superiores a 20 mm/h e 40 dBZ, respetivamente. A Figura 4.3 mostra a forte presença de uma banda brilhante durante a chuva estratiforme que começa a partir das 10 horas IST. Além disso, os valores do fator de refletividade do radar e as taxas de chuva para a duração da chuva estratiforme, a partir das 10 horas, são inferiores a 20 mm/h e 40 dBZ, respetivamente. Muitos destes eventos com caraterísticas semelhantes foram encontrados e estudados para os anos de 2011 e 2014 em Calcutá.

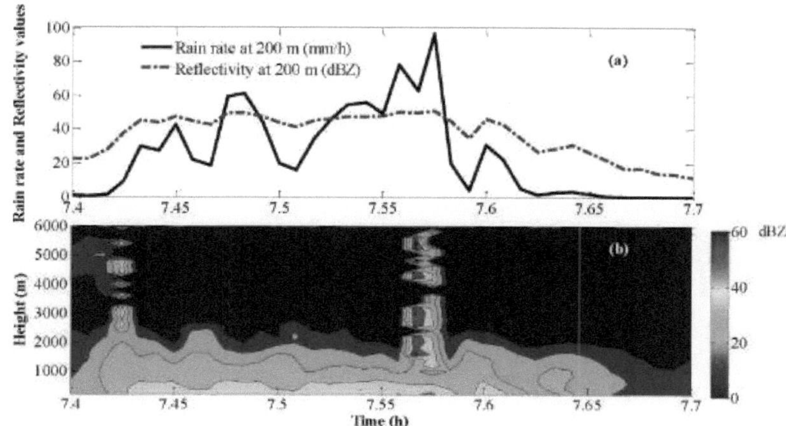

Fig. 4.2: (a) Taxas de precipitação e variações da refletividade MRR com o tempo, para uma secção de tipo convectivo do evento de 17 de junho de 2011; (b) Perfil vertical Z para o evento

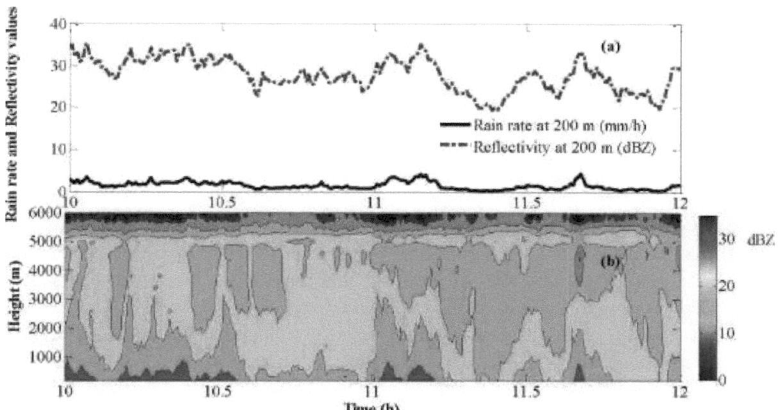

Fig. 4.3: (a) Variação das taxas de precipitação e da refletividade MRR com o tempo, para um evento de chuva estratiforme em 17 de junho de 2011; (b) Perfil vertical Z para o evento estratiforme

A figura 4.1 também mostra uma chuva mista com duração a partir de 12 horas (48 minutos de duração). As chuvas mistas são marcadas por uma refletividade maioritariamente inferior a 40 dBZ e por uma baixa taxa de precipitação (< 20 mm/h), na ausência de uma assinatura BB distinta, como mostram as figuras 4.3 (a) e 4.3 (b). Os eventos de chuva mista correspondem à fase de transição entre chuvas convectivas e estratiformes.

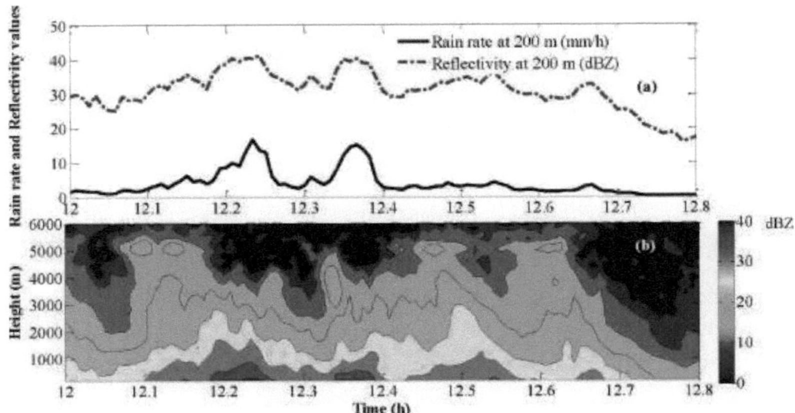

Fig. 4. 4 : (a) Variação das taxas de precipitação e da refletividade MRR com o tempo, para um evento de chuva de tipo misto em 17 de junho de 2011; (b) Perfil vertical Z do evento

4.2.2. Abordagem baseada na análise do campo elétrico atmosférico

Diferentes fenómenos meteorológicos causam perturbações no campo elétrico atmosférico. Assim, analisando as variações nas medições do Monitor de Campo Elétrico (EFM), ou seja, os valores do campo elétrico, é possível ter uma ideia da atividade das nuvens e até das condições meteorológicas. Utilizando as medições do EFM, as precipitações estratiformes e convectivas não podem ser classificadas diretamente, mas pode ser demonstrado que o campo elétrico atmosférico em termos de gradiente potencial (PG) (Jana e Maitra, 2019; Bloemink, 2013; Ferro et al., 2011) antes do início da chuva, mostra uma assinatura definitiva indicando tipos de chuvas iminentes.

No estudo, o campo elétrico atmosférico em termos de gradiente de potencial (PG) para o ano de 2014 foi estudado para analisar a atividade das nuvens durante e antes do início das chuvas estratiformes e convectivas. As medições EFM 30 minutos antes do início dos eventos convectivos e estratiformes mostram que há uma assinatura clara indicando eventos convectivos e estratiformes iminentes. A Figura 4.5 mostra as variações médias de PG para chuva estratiforme e convectiva durante o intervalo de 30 minutos antes do início da chuva. O "0" no eixo X indica o início do evento de chuva (estratiforme/convectiva). A partir da figura, pode notar-se que as medições EFM apresentam uma queda acentuada, com uma variação média de

2,06 kV/m, durante o intervalo de 30 minutos antes do início da chuva convectiva. Enquanto que antes do início dos fenómenos estratiformes, o PG não apresenta uma queda acentuada e as variações do EFM são da ordem de 0,18 kV/m.

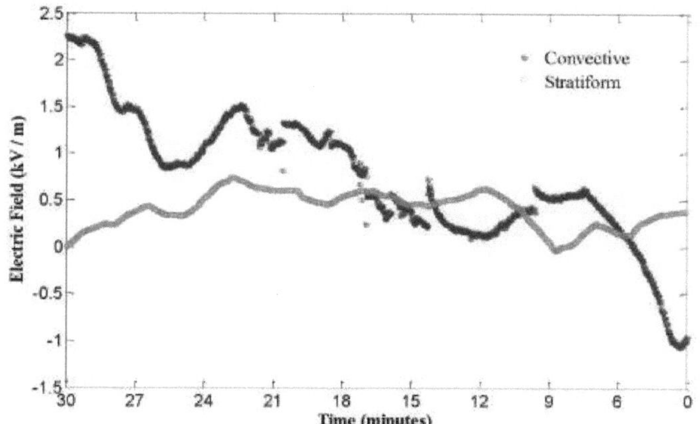

Fig. 4. 5 : Variação média da EFM 30 minutos antes do início de eventos convectivos e estratiformes para o ano de 2014

As figuras 4.6 e 4.7 mostram o estudo de caso das variações das medições da EFM durante e antes do início de eventos convectivos (C) e estratiformes (S), respetivamente. A Figura 4.6 mostra que o campo elétrico começa a diminuir antes do início de um evento de chuva convectiva e a polaridade inverte para um valor negativo quando a nuvem de trovoada está diretamente sobre o EFM. Assim que a nuvem passa por cima do monitor de campo, o valor do EFM inverte novamente para um valor positivo e, portanto, depois de restaurar o valor normal do campo elétrico em tempo bom. Isto deve-se ao facto de a estrutura da nuvem convectiva ser tal que actua como um separador entre o campo elétrico ionosférico inferior e o campo elétrico atmosférico terrestre. No entanto, a estrutura e as actividades das nuvens estratiformes são tais que a variação do campo elétrico não é proeminente antes do advento de um evento de chuva estratiforme, como se mostra na Figura 4.7. Mas quando o evento de chuva estratiforme começa, o valor de EFM começa a cair.

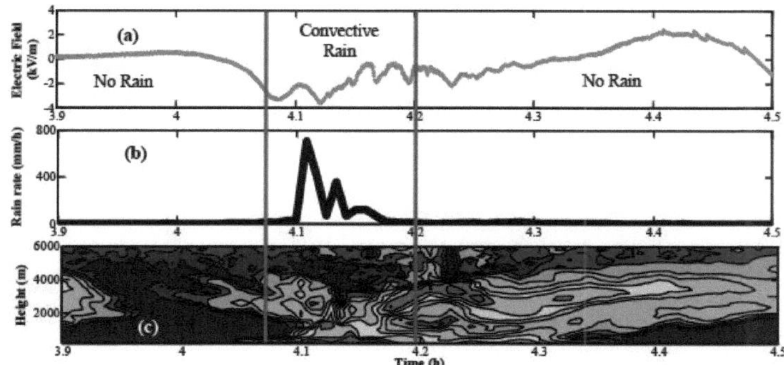

Fig. 4.6: (a) Variações EFM para um evento de chuva convectiva; (b) Perfil de chuva para o mesmo evento; (c) Perfil de refletividade MRR para o evento

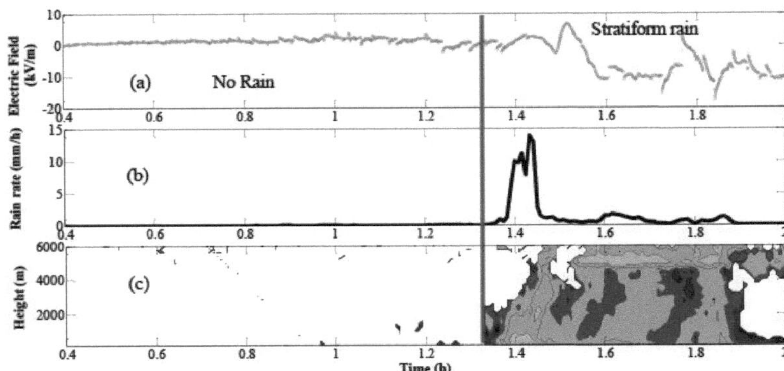

Fig. 4.7: (a) Variações EFM para um evento de chuva estratiforme; (b) Perfil de chuva para o evento; (c) Perfil de refletividade MRR para o mesmo evento

4.2.3. Classificação da chuva com base na temperatura de brilho Diferença ΔT (b31 .4 .2 2.23) das medições do radiómetro

Os eventos convectivos e estratiformes durante as estações pré-monção e monção do ano 2011 e 2014 sobre a região tropical de Calcutá são identificados com base na diferença de temperatura de brilho *(*T_b) a 31,4 e 22,23 GHz (Renju et al., 2016). Os valores da temperatura de brilho da banda K *(*T_b) mostram grandes variações significativas entre o canal ressonante de vapor de água (22,23 GHz) e o canal de janela (31,4 GHz). O canal de janela de 31,4 GHZ é mais sensível ao conteúdo de água líquida, enquanto as emissões de vapor de água dominam o canal de 22,23 GHZ. Assim, a diferença entre os valores de T_b nestes dois canais, ou seja, Δ7'b (31 .4 .22 .23) foi utilizada para classificar a chuva convectiva e estratiforme. Durante as precipitações estratiformes, as emissões de vapor de água são elevadas, ou seja, ⅞(22.23) > ^b(31.4), o que faz com que Δ7'b (31 .4 .22 .23) seja negativo, ao passo que, durante os eventos convectivos, Tb(3i.4) excede os canais de vapor de água, fazendo com que a diferença de temperatura de brilho entre estes dois canais seja positiva.

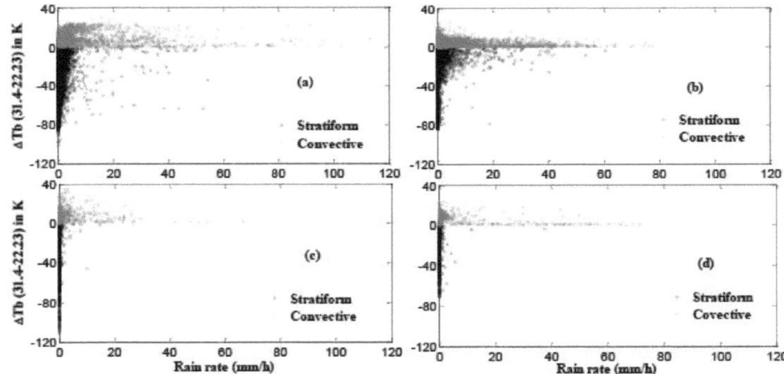

Fig. 4.8: Taxa de chuva versus diferença de temperatura de brilho; (a) para a monção de 2011; (b) para a monção de 2014; (c) para a pré-monção de 2011; (d) para a pré-monção de 2014

A Figura 4.8 mostra a classificação das chuvas convectivas e estratiformes com base no método da diferença de temperatura de brilho (Renju et al., 2016). A Figura 4.8 também mostra que, à medida que a taxa de chuva aumenta, a magnitude de Δ7 ('b31 .4 .2 2.23) para chuva convectiva diminui. Isto deve-se ao facto de, com taxas de precipitação elevadas, o efeito de escurecimento ocorrer devido à dispersão. O efeito de escurecimento diminui a temperatura de brilho em todas as frequências (Halder et al., 2018), por sua vez. No entanto, o efeito de escurecimento é mais proeminente em frequências mais altas. Isso causa uma diminuição no valor de $\Delta 7$ ('b31 .4 .2 2.23) em altas taxas de chuva.

4.2.4. Classificação da chuva utilizando dados do disdrómetro

As medições do disdrómetro durante o ano de 2011 e 2014, da localização tropical de Kolkata, foram analisadas para duas estações, nomeadamente a monção (junho-setembro) e a pré-monção (março-maio). Apenas as amostras que têm taxas de chuva *(R)* > 0,1mm/h são incluídas no estudo. O parâmetro integral refletividade *Z* (dBZ) estimado a partir dos espectros de gotas do Disdrometer foi considerado como um dos critérios para classificar os eventos de chuva de monção e pré-monção em tipos estratiofrmáticos e convectivos. *Z* (dBZ) é obtido através da modificação da equação 3.3 do seguinte modo

$$Z = \int_0^{\infty} N(D)D^6 dD \qquad (4.1)$$

$$Z\,(dBZ) = 10 \log Z \qquad (4.2)$$

N(D) é a densidade de gotas com um diâmetro equivalente *D*.

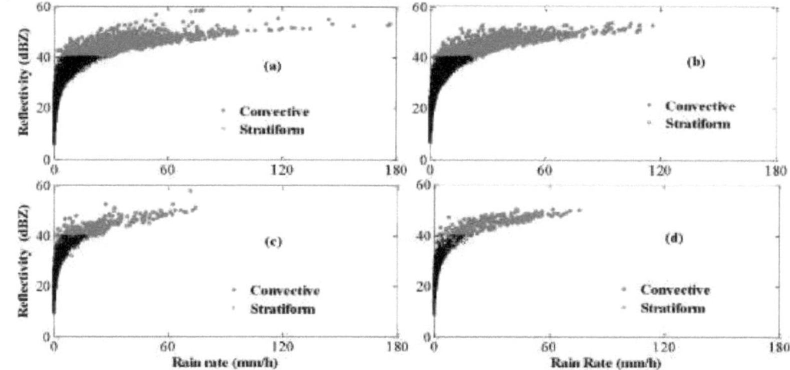

Fig. 4.9: Taxa de chuva versus refletividade; (a) para a monção de 2011; (b) para a monção de 2014; (c) chuva para a pré-monção de 2011; (d) para a pré-monção de 2014

Com base no valor de refletividade do radar *Z* (dBZ) derivado das medições do Disdrometer, a distinção entre chuva convectiva e estratiforme durante o período de monção e pré-monção para o ano de 2011 e 2014, é mostrada na Figura 4.9. Como já foi mencionado, o valor de refletividade de 40 74 | Page dBZ (Anagnostou, 2004; G. W. Lee e Zawadzki, 2005) foi considerado como o valor limite para a classificação da chuva estratiforme e convectiva. A Figura 4.9 mostra que as taxas de precipitação inferiores a 20-25 mm/h caem no regime estratiforme, enquanto as superiores caem no regime convectivo com base nesta classificação.

4.2.4.1. Comparação entre eventos de chuva estratiforme e convectiva: Classificados a partir de medições com Disdrómetro e Radiómetro

A Figura 4.10 mostra o mesmo evento em 17 de junho de 2011, onde são comparadas as chuvas estratiformes e convectivas classificadas a partir das medições do Disdrómetro e do Radiómetro. O evento mostra principalmente chuvas estratiformes com taxas de chuva < 20 mm/h e baixa refletividade (refletividade inferior a 40 dBZ). O evento também inclui duas durações convectivas durante o tempo 1.48-1.82 hrs e 7.41-7.70 hrs IST, com taxas de chuva superiores a 40 mm/h e 30 mm/h respetivamente. Durante as durações convectivas, os valores de refletividade são superiores a 40 dBZ e os valores de Δ7 ('b31 .4 .22 .23) são positivos. Para as durações estigmatizantes, os valores de Δ7 ('b31 .4 .22 .23) são negativos e o fator de refletividade é inferior a 40 dBZ, satisfazendo os critérios de classificação referidos anteriormente. A Figura 4.10 mostra que há dois casos circundados a vermelho, durante 2,85-3,08 h e 12,19-12,80 h, com taxas de chuva que variam de 2,069-5,26 mm/h e 12-16,77 mm/h, em que, apesar da baixa taxa de chuva (< 20 mm/h) e da baixa refletividade (< 40 dBZ), Δ7 ('b31 .4-22 .23) em K apresentam valores positivos (máximo de 8,67 K e 10 K respetivamente), indicando que estas são as regiões de transição entre chuvas convectivas e estratiformes e que a precipitação durante este intervalo de tempo é do tipo misto. É de notar que a secção de transição mostrada na Figura 4.10, durante 2.85-3.08 horas, não foi observada no perfil MRR mostrado na Figura 4.1. No entanto, a secção de transição das 12.19-12.80 horas (Figura 4.10) foi observada no perfil MRR de 17 de junho de 2011, tal como apresentado na Figura 4.1.

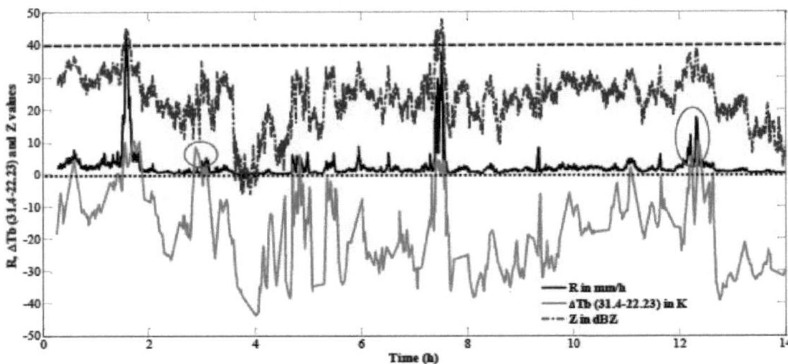

Fig. 4. 10: Evento de 17 de junho de 2011 mostrando a variação da taxa de precipitação, refletividade do Disdrómetro e AT^31 .4-22.23) com o tempo

4.2.5. Classificação da chuva a partir da técnica do método dos momentos

O método dos momentos é frequentemente utilizado para representar um parâmetro estimado do modelo DSD (distribuição do tamanho da gota) (Malinga e Owolawi, 2013). O momento estatístico de ordem nth da DSD é dado da seguinte forma:

$$M_n = \int_{D_{min}}^{D_{max}} D_i^n N(D_i) dD_i \qquad (4.3)$$

Neste caso, D_{max} e D_{min} são 0,5 mm e 0,3 mm, respetivamente, para o JW-RD-80 Disdrometer e os outros parâmetros têm o mesmo significado que já foi discutido anteriormente. Os momentos de ordem 3rd (M_3) e 6th (M_6) do DSD derivados da equação 4.3 são proporcionais à taxa de precipitação e à refletividade do radar, respetivamente (Yu et al., 2012). As variações do rácio do momento de ordem 6th para 3rd *(M6/M3)* com taxas de chuva estratiforme e convectiva são de natureza diferente. Por isso, escolhemos o rácio *M6/M3* como um dos critérios de classificação da chuva e propusemos uma nova técnica para a classificação da chuva. Para a classificação, foi derivada uma equação discriminante que relaciona o rácio de momento *(M6/M3)* com a taxa de chuva, utilizando a modelação de regressão logística (Hosmer Jr et al., 2013). A técnica recentemente proposta para a classificação da chuva não só classifica a chuva, mas também dá uma ideia sobre as caraterísticas do tamanho da gota da precipitação estratiforme e convectiva. O disdrómetro de impacto eletromecânico

JW subestima as gotas mais pequenas, devido ao problema do tempo morto (Caracciolo et al., 2006). Uma vez que o novo método envolve os momentos 3rd e 6th do DSD, não é sensível às limitações do Disdrómetro.

4.2.5.1. Caraterísticas da chuva em termos de rácio de momento

As Figuras 4.11 (a) e 4.12 (a) mostram a variação da razão de momentos *(M6/M3)* com a chuva estratiforme e convectiva, respetivamente, para o ano de 2011. A variação da razão de momentos com as taxas de chuva estratiforme e convectiva, representadas nas Figuras 4.11 (a) e 4.12 (a), respetivamente, são de natureza diferente. Este facto levou-nos a classificar as taxas de precipitação com base em (M6/M3). As Figuras 4.11 (b) e 4.12 (b) são as curvas de melhor ajuste das Figuras 4.11 (a) e 4.12 (a), respetivamente. A Figura 4.11 (b) mostra que, para a chuva estratiforme, o período pré-monção tem predominância de gotas de chuva maiores em comparação com o período de monção, uma vez que o rácio do momento é mais elevado para a chuva estratiforme pré-monção do que para a monção por uma margem de cerca de 3,7. No entanto, para a chuva convectiva, o rácio *(M6/M3)* apresenta valores mais elevados para o período de pré-monção em comparação com o período de monção, com uma margem de cerca de 2,1, como indicado na Figura 4.12 (b). A Figura 4.11 (b) mostra que as gotas maiores dominam e os valores de *(M6/M3)* aumentam até à taxa de chuva de 5 mm/h para o regime estratiforme. Por outro lado, as gotas mais pequenas dominam e os valores *(M6/M3)* diminuem até uma taxa de precipitação de 15 mm/h no regime convectivo, como mostra a Figura 4.12 (b). Para além dos limites de precipitação mencionados, ou seja, 5 mm/h na Figura 4.11 (b) e 15 mm/h na Figura 4.12 (b), respetivamente, os valores *de M6/M3* atingem um valor quase constante a taxas de precipitação mais elevadas, tanto para o regime estratiforme (Figura 4.11) como para o regime convectivo (Figura 4.12), indicando que as densidades de gotas maiores e mais pequenas variam de tal forma que a razão de momentos permanece constante. No entanto, os valores da razão de momentos relativos ao tipo de chuva convectiva (Figura 4.12) apresentam sempre valores mais elevados do que os do tipo estratiforme (Figura 4.11), indicando que há sempre uma elevada concentração de gotas maiores na chuva convectiva do que na chuva estratiforme.

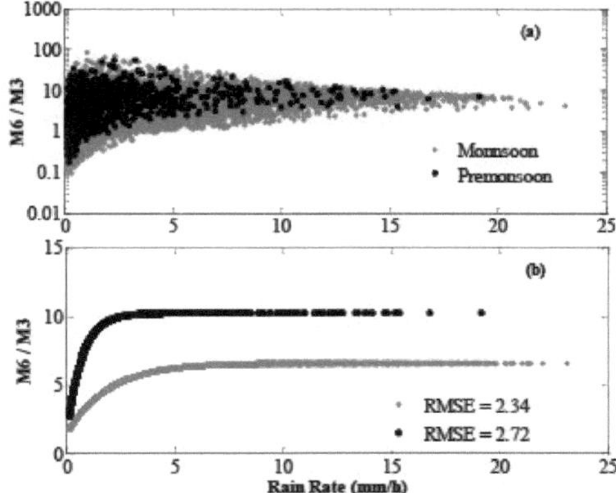

Fig. 4. 11 : (a) Taxa de chuva estratiforme versus rácio de momento *MG/M3* para a monção e pré-monção de 2011; (b) curva de melhor ajuste

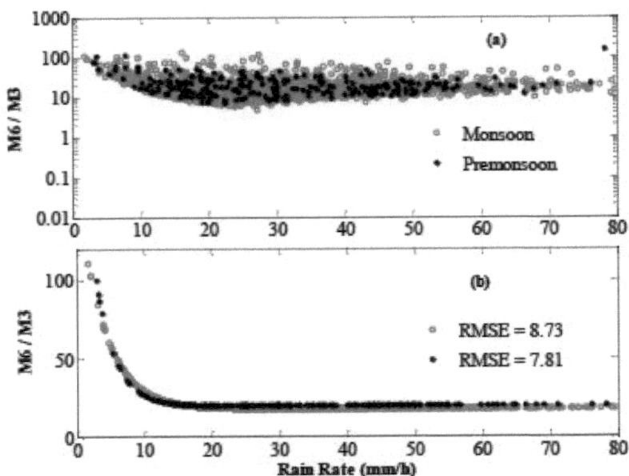

Fig. 4. 12: (a) Taxa de chuva convectiva versus rácio de momento *MG/M3* para a monção e a pré-monção de 2011; (b) curva de melhor ajuste

4.2.6. Modelação de regressão logística

A regressão logística (Hosmer Jr et al., 2013) é um modelo de classificação estatística muito utilizado em vários domínios. Modela a probabilidade de sucesso *(P_{su}* ccess) de um resultado como uma função sigmoide da combinação linear de variáveis preditoras. Matematicamente, pode ser expresso como a seguinte relação:

$$P_{success}(Z) = \frac{e^z}{1+e^z} \qquad (4.4)$$

Aqui z é a combinação linear das variáveis de previsão, ou seja, $z = \beta_0 + \beta x_{11} + \beta x_{22} + \text{-}+ \beta x_{nn}$, em que x_i é a variável de previsão i[th] e β_l é o coeficiente correspondente. β_0 é a interceção e é também designado por enviesamento. Para o presente estudo, o valor logarítmico do rácio do momento *(M6/M3)* e a taxa de precipitação são considerados como as duas variáveis preditoras x_1 e x_2 , respetivamente. Como o modelo é construído para classificar o tipo de chuva (estratiforme e convectiva), o tipo de chuva é considerado como variável dependente, enquanto o valor logarítmico da razão de momentos *(M6/M3)* e a taxa de chuva são variáveis independentes. A regressão logística foi considerada no presente estudo porque necessita de menos pressupostos prévios em comparação com algumas outras técnicas (Press e Wilson, 1978). O objetivo do estudo é obter uma equação discriminante correspondente a uma linha de fronteira de decisão que possa distinguir entre chuva estratiforme e convectiva. Para obter a equação, foi necessário decidir um limiar de probabilidade de sucesso (P_{succ} *ess*). Uma vez que considerámos dois tipos de chuva possíveis, convectiva e estratiforme, o valor é fixado em 0,5. Para um limiar de probabilidade de 0,5, o valor de *z* deve ser 0 e a equação discriminante é dada como

$$z = \beta_0 + \beta_1 ln(M_{ratio}) + \beta_2 R = 0 \qquad (4.5)$$

Aqui M_{ratio} e *R* são o rácio do momento *(M6/M3~)* e a taxa de precipitação em mm/h, respetivamente.

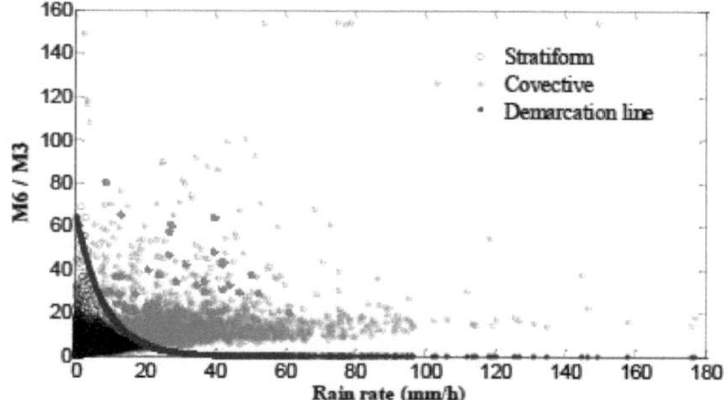

Fig. 4. 13 : Taxa de chuva versus rácio de momento *(M6/M3)* para o ano de 2011

A Figura 4.13 mostra a fronteira de decisão (linha de demarcação azul) que distingue efetivamente entre precipitações convectivas e estratiformes. A fronteira de decisão foi obtida através do ajuste do modelo de Regressão Logística aos dados, conforme discutido anteriormente. A classificação foi feita, utilizando os valores do rácio de momento *(M6/M3~)* calculados a partir dos dados da distribuição do tamanho das gotas (DSD) do Disdrometer e da taxa de precipitação *(R~)* para o ano de 2011.

A equação discriminante necessária do modelo de regressão logística ajustado, de acordo com a equação (4.5), é

$$z = \beta_0 + \beta_1 ln(M_{ratio}) + \beta_2 R = 0 \qquad (4.6)$$

$$M_{ratio} = e^{(4.18-0.12R)} \; for \; R > 0 \qquad (4.7)$$

$_{ratio}$De acordo com a relação (4.7), o regime estratiforme situa-se abaixo da linha de fronteira de decisão (linha de demarcação a azul), enquanto o regime convectivo se situa acima da linha, como se mostra na Figura 4.13. A figura também corrobora o facto de a taxa de precipitação estratiforme se situar abaixo do intervalo 20-25 mm/h, enquanto a taxa de precipitação acima é a precipitação convectiva.

Após a construção do modelo, foi necessário verificar se o modelo se ajustava corretamente aos dados e, para o efeito, foi escolhida a métrica da área sob a curva (AUC) (Hanley & McNeil, 1982) para testar a fiabilidade do modelo. A AUC é calculada medindo a área sob a curva Receiver Operating Characteristics (ROC). Para um modelo de classificação binária (como no cenário atual), é criada uma curva ROC traçando a taxa de verdadeiros positivos (TPR) do modelo em relação à taxa de falsos positivos (FPR) do modelo. Um modelo que não é melhor do que fazer suposições aleatórias será identificado por uma linha reta num ângulo de 45 graus com o eixo x. Esta linha é também considerada como a linha de base. A área sob a linha de base será de 0,5. Um modelo que se desvie mais da linha de base na direção ascendente é, na verdade, um modelo muito melhor em termos de fazer previsões. Por conseguinte, quanto mais elevada for a pontuação AUC, melhor será o desempenho do modelo. O valor AUC (Hand, 2009) obtido para o modelo é de 99,87%, o que mostra uma forte fiabilidade do modelo para a classificação entre precipitações estratiformes e convectivas. As durações das chuvas estratiformes e convectivas, para o período de monção e pré-monção, obtidas a partir do modelo de regressão logística são comparadas com as obtidas a partir de outras técnicas na secção seguinte.

4.3. Análise comparativa da percentagem de ocorrências de chuva

Uma análise comparativa entre as durações da chuva estratiforme e convectiva para o período de monção e pré-monção ao longo do ano 2011 e 2014, derivada de métodos multi-técnicos, foi citada na Tabela 4.1 - 4.4. Os resultados mostram o predomínio da chuva estratiforme em comparação com a chuva convectiva no local tropical, Calcutá. Com exceção das medições do Disdrometer para o ano de 2011, os fenómenos convectivos apresentam durações mais elevadas durante o período de pré-monção em comparação com o período de monção. Calcutá está localizada perto da fronteira terra-oceano da Baía de Bengala e é propensa a actividades convectivas durante o período pré-monção. No entanto, as manchas de chuva convectiva são intercaladas por períodos comparativamente mais longos de chuva estratiforme. Uma vez que considerámos a percentagem de duração dos diferentes tipos de chuva, a ocorrência estratiforme é sempre significativamente mais elevada do que a parte convectiva. A Tabela 4.1 mostra que a percentagem de durações de chuva estratiforme obtida a partir do método dos momentos coincide bem com a estimativa das medições do disdrómetro (valores *Z*). A percentagem de durações de chuva estratiforme pura, deduzida com base na assinatura BB no registo MRR, é menor do que a das chuvas mistas. As chuvas mistas são caracterizadas por uma assinatura NBB e por valores *Z* baixos (< 40 dBZ). Também comparámos os resultados, com base nos métodos de classificação actuais, com os obtidos através de um método proposto por Bringi, et al., (2003) que considera a dependência do tipo de chuva do desvio padrão das taxas de chuva médias durante um período de dois minutos. Se o desvio padrão for inferior a 2 mm/h, o tipo de chuva é classificado como estratiforme, caso contrário é considerado convectivo. Para a localização atual, o limiar de 2 mm/h é obtido a partir das assinaturas de banda brilhante do MRR durante os eventos de chuva.

Monção 2011				
Instrumento de aquisição de dados	**Abordagem de classificação**	**% de duração da chuva convectiva**	**% da duração da chuva estratiforme**	
Disdrómetro	Com base no valor Z	13.07	86.93	
	Baseado na técnica do método dos momentos	12.98	87.02	
	Método do desvio-padrão (Bringi et al.)	19.11	80.89	
MRR	Com base no valor Z do MRR	9.91	90.09	
	Com base na assinatura BB	9.91	Estratiforme puro	Misto
			27.25	62.83
Radiómetro	Método da diferença de temperatura de brilho	19.19	80.81	

Tabela 4. 2: Durações de chuva derivadas de técnicas múltiplas durante a pré-monção de 2011

Pré-monção 2011				
Instrumento de aquisição de dados	**Abordagem de classificação**	**% de duração da chuva convectiva**	**% da duração da chuva estratiforme**	
Disdrómetro	Com base no valor Z	11.41	89.75	
	Baseado na técnica do método dos momentos	10.16	89.84	
	Método do desvio-padrão (Bringi et al.)	20.43	79.57	
MRR	Com base no valor Z do MRR	20.19	79.81	
	Com base na assinatura BB	20.19	Estratiforme puro	Misto
			32.84	46.97

Radiómetro	Método da diferença de temperatura de brilho	32.89	67.11

Monção 2014			
Instrumento de aquisição de dados	**Abordagem de classificação**	**% de duração da chuva convectiva**	**% da duração da chuva estratiforme**
Disdrómetro	Com base no valor Z	9.25	90.75
	Baseado na técnica do método dos momentos	9.89	90.11
	Método do desvio-padrão (Bringi et al.)	20.84	79.10
MRR	Com base no valor Z do MRR	15.90	84.10
	Com base na assinatura BB	15.90	Estratiforme puro: 38.43 Misto: 45.68
Radiómetro	Método da diferença de temperatura de brilho	29.35	70.65

Tabela 4. 4: Durações de chuva derivadas de técnicas múltiplas durante a pré-monção de 2014

Pré-monção 2014			
Instrumento de aquisição de dados	**Abordagem de classificação**	**% de duração da chuva convectiva**	**% da duração da chuva estratiforme**
Disdrómetro	Com base no valor Z	12.28	87.72
	Baseado na técnica do método dos momentos	12.13	87.87
	Método do desvio-padrão (Bringi et al.)	20.12	79.88
MRR	Com base no valor Z do MRR	21.34	78.66
	Com base na assinatura BB	21.34	Estratiforme puro: 29.03 Misto: 49.63
Radiómetro	Método da diferença de temperatura de brilho	43.58	56.42

4.4. Conclusões

Foram utilizadas várias técnicas de classificação da chuva para identificar precipitações estratiformes e convectivas, utilizando medições MRR, EFM, Radiómetro e Disdrómetro. Para além dos tipos de chuva estratiforme e convectiva, o perfil de refletividade MRR também pode distinguir entre chuva estratiforme pura e chuva mista (as chuvas mistas são marcadas com baixa refletividade (< 40 dBZ) na ausência de uma assinatura BB distinta). As medições radiométricas também podem distinguir os eventos de chuva mista dos tipos de chuva estratiforme e convectiva. Durante a fase de transição, o $\Delta 7'_b$ (3_1 $._4$ $._2$ 2.23) apresenta valores positivos na presença de baixa refletividade e baixas taxas de chuva.

Foi proposto um novo método para classificar a chuva estratiforme e convectiva com base na modelação da regressão logística do rácio do momento *(M6/* M3). O método Moment proposto pode classificar eventos de chuva estratiforme e convectiva com um valor AUC de 99,87% para o modelo (Hanley e McNeil, 1982), indicando uma forte fiabilidade do modelo.

O presente estudo mostra que as medições EFM não podem classificar diretamente a chuva estratiforme e convectiva, mas o campo elétrico atmosférico em termos de gradiente de potencial (PG), exibe uma assinatura definida antes do início da chuva indicando tipos de eventos de chuva iminentes.

A percentagem de durações de chuva estratiforme e convectiva para os períodos de monção e pré-monção durante os anos de 2011 e 2014 na região tropical de Calcutá também foi estimada e analisada. Os resultados mostram a predominância de durações de chuva estratiforme em comparação com as durações de chuva convectiva, tanto durante os períodos de pré-monção como de monção.

Capítulo 5

Medições radiométricas de precipitação de dupla frequência Intensidade

1.1. Introdução

As primeiras investigações mostraram que existe uma boa relação entre a temperatura de brilho das micro-ondas e a intensidade da precipitação dentro de um limite razoável de intensidade da chuva. Este facto levou-nos a encontrar esta relação e a utilizá-la para estabelecer um modelo de estimativa da intensidade da precipitação utilizando dados de temperatura de brilho de micro-ondas de dupla frequência baseados no solo durante condições de chuva. Para este efeito, podemos recordar dois métodos diferentes existentes (Liu et al., 2001), nomeadamente o método da temperatura de brilho e o método diferencial. O método da temperatura de brilho estabelece uma relação direta entre a temperatura de brilho e a intensidade instantânea da precipitação. O método diferencial relaciona as alterações temporais da intensidade da precipitação e da temperatura da luminosidade e, em seguida, a intensidade da precipitação pode ser estimada adicionando as alterações temporais da intensidade da precipitação à intensidade da precipitação do passo de tempo anterior. No presente estudo, o método diferencial foi utilizado para estimar a precipitação sobre as localidades de Vale do Paraíba (23° S, 44° W, Brasil) e Alcântara (2,18° S, 44° W, Brasil).

1.2. Metodologia

A temperatura de brilho das micro-ondas é influenciada pelas precipitações, que são causadas principalmente por alterações temporais do teor de água líquida na atmosfera. Por conseguinte, é razoável estimar a intensidade da precipitação utilizando as alterações temporais da temperatura de brilho, ou seja, o método diferencial. As vantagens desta abordagem são a eliminação de qualquer radiação difusa indesejável proveniente do solo ou de objectos próximos e a redução do problema de preenchimento do feixe de luz com um ângulo de lóbulo amplo (25°). Assim, neste estudo específico, utilizámos o método diferencial (Liu et al., 2001) para estimar a intensidade da precipitação e verificámo-lo com as medições do pluviómetro. O método diferencial pode ser escrito como

$$r_i = r_{i-1} + \Delta r_i \qquad (5.1)$$

$$\Delta r_i = a + b\Delta t_{b22i} + c\Delta t_{b23i} \qquad (5.2)$$

Aqui *r* é a intensidade da precipitação; Δ é a mudança temporal na intensidade da precipitação ou na temperatura de brilho; *i* é o índice de tempo; Δt_{b22} e Δ⅛2 3 são as medidas de temperatura de brilho observadas no canal de 22,5 e 23,834 GHz, respetivamente, e *a, b* e *c* são os coeficientes de regressão. As mudanças temporais na intensidade da precipitação são derivadas pela substituição das mudanças temporais na temperatura de brilho em 22,5 e 23,834 GHz na equação (5.2). A intensidade da precipitação é então estimada pela adição de quaisquer alterações temporais na intensidade da precipitação à do passo de tempo anterior, obedecendo à equação (5.1).

O índice de tempo ou o período de tempo ótimo para as medições das alterações temporais, ou seja, *i*, e os coeficientes de regressão *a, b* e *c*, são determinados com a ajuda da análise de regressão linear e múltipla (Das, 1990) da equação (5.2), para diferentes intervalos de tempo *(i = 1,2,3 .... n)*, bem como para frequências de canal único e de canal duplo, respetivamente.

1.2.1. Análise de Regressão Linear e Múltipla

O ajuste linear a um determinado conjunto de dados fornece o modelo matemático como (Das, 1990)

$$x = \beta_0 + \beta_1 y + \varepsilon \qquad (5.3)$$

$$\varepsilon \sim N(0, \sigma^2) \qquad (5.4)$$

Aqui β_0 é a interceção, β_1 é o declive e ε é o termo de erro. *N* é o número de variáveis dependentes e σ^2 é a variância. O termo de erro representa a variação inesperada ou inexplicada na variável dependente. Normalmente, espera-se que a sua média seja zero. É de referir aqui que, para um determinado conjunto de dados $(x_i\, y_i)$, $i = 1,2,3$ *n*, em que *y* é a variável independente e *x* é a variável dependente. Recordando a equação (5.3), assumimos que o resíduo é:

$$res_i = x_i - (\beta_0 + \beta_1 y_i) \qquad (5.5)$$

Para determinar os coeficientes de regressão para o canal duplo, foi utilizado o método de regressão linear múltipla. Foram efectuados estudos de regressão linear múltipla entre várias variáveis de previsão e uma variável de resposta e, por conseguinte, o modelo matemático pode ser escrito da seguinte forma

$$x = \beta_0 + \beta_1 y_1 + \beta_2 y_2 + \cdots + \beta_k y_k + \varepsilon \qquad (5.6)$$

$$\varepsilon \sim N(0, \sigma^2) \qquad (5.7)$$

Aqui β_i é o coeficiente de regressão para i^{th} variável independente em que $i = 1,2,3 \ldots \kappa$ e ε é o termo de erro. Assumiu-se que a média da variável aleatória ε é zero.

1.2.2. Coeficiente de determinação (R)^2

O coeficiente de determinação é uma métrica importante para determinar a plausibilidade de um modelo de regressão linear. Num modelo de regressão linear, as variáveis preditoras prevêem o valor da variável-alvo (também chamada de variável dependente). Se as variáveis preditoras forem capazes de fazer boas previsões da variável-alvo, os erros tornar-se-ão pequenos, o que, por sua vez, significa que o modelo é bastante capaz de explicar a variabilidade da variável-alvo. Numericamente, é expresso como a proporção da variância da variável-alvo que é explicada pelo modelo. Esta entidade numérica é designada por coeficiente de determinação (R-quadrado). O coeficiente de determinação (COD), ou Я-quadrado, pode ser calculado da seguinte forma

$$R^2 = 1 - \frac{RSS}{TSS} \qquad (5.8)$$

Onde *RSS* e *TSS* são a soma residual de quadrados e a soma total de quadrados, respetivamente. Os valores de R^2 variam entre 0 e 1. De um modo geral, se for próximo de um, a relação entre x e y será considerada muito forte e podemos ter um elevado grau de confiança no nosso modelo de regressão. O coeficiente de correlação *(r)* é equivalente a $\sqrt{R^2}$.

1.3. Análise e resultados

Os parâmetros do modelo *(a, b,* c), R^2 e os valores do coeficiente de correlação *(r)* para diferentes intervalos de tempo são encontrados para ambas as frequências de canal único e canal duplo sobre as localidades Vale do Paraíba e Alcântara para o ano de 2011 e 2010, respetivamente, como mostrado nas Tabelas 5.1 e 5.2.

Tabela 5. 1: Coeficientes de regressão e parâmetros estatísticos para o Vale do Paraíba

Intervalo de tempo	Frequência do canal	Coeficientes de regressão			CQO (R^2)	Coeficiente de correlação (r)
		a	*b*	c		
30 minutos	22,5 GHz	0.0638	0.0873		0.71634	0.8463
	23,834 GHz	0.0409		0.0758	0.72331	0.8504
	Dupla frequência	0.0141	-0.1014	0.1634	0.71729	0.8469
1 hora	22,5 GHz	0.0725	0.0685		0.68137	0.8254
	23,834 GHz	0.0461		0.06014	0.69808	0.8355
	Dupla frequência	-0.1092	0.4017	-0.3941	0.72356	0.8506
1 /^{12} hrs	22,5 GHz	0.1743	0.08415		0.87608	0.9359
	23,834 GHz	0.1128		0.07367	0.88029	0.9382
	Dupla frequência	0.0924	0.09789	-0.0277	0.86729	0.9312
2 horas	22,5 GHz	0.1841	0.08937		0.80262	0.8958
	23,834 GHz	0.1192		0.0784	0.79739	0.8929
	Dupla frequência	0.3139	-0.1584	0.2694	0.77466	0.8801

Tabela 5. 2: Coeficientes de regressão e parâmetros estatísticos para Alcântara

Intervalo de	Frequência do	Coeficientes de regressão	CQO (Я)^2	Coeficiente de

tempo	canal	*a*	*b*	c		correlação (r)
30 minutos	22,5 GHz	0.42934	0.2212		0.65601	0.8099
	23,834 GHz	0.42934		0.2212	0.65601	0.8099
	Dupla frequência	0.50635	-0.1440	0.3819	0.65229	0.8076
1 hora	22,5 GHz	-0.1596	0.2438		0.72711	0.8527
	23,834 GHz	-0.1596		0.24387	0.72711	0.8257
	Dupla frequência	-0.5474	3.5619	-2.9252	0.82642	0.9091
1 /[12] hrs	22,5 GHz	0.0303	0.22672		0.62985	0.7936
	23,834 GHz	-5.826		3.13184	0.59039	0.7683
	Dupla frequência	0.6503	3.44445	-2.8273	0.90124	0.9493
2 horas	22,5 GHz	0.5298	0.3002		0.76664	0.8755
	23,834 GHz	0.5398		0.26807	0.74685	0.8642
	Dupla frequência	-1.3991	5.8759	-5.0400	0.87234	0.9340

As Tabelas 5.1 e 5.2 mostram que o período de tempo ideal para medir as mudanças temporais nos dados radiométricos coletados no âmbito do Projeto CHUVA sobre o Vale do Paraíba e Alcântara é de 1,5 horas, pois pode ser claramente visto a partir dos dados tabulados que os valores do coeficiente de determinação R^2 e do coeficiente de correlação *(r)* para o intervalo de tempo de 1,5 horas são os mais altos e estão próximos de 1.

As figuras 5.1 e 5.2 mostram a variação do COD *(R^2)* com o tempo para a frequência de canal duplo com diferentes intervalos de tempo sobre o Vale do Pariba e Alcântara. As figuras também mostram que o valor de COD para ambos os locais é mais alto para o intervalo de tempo de 1,5 horas.

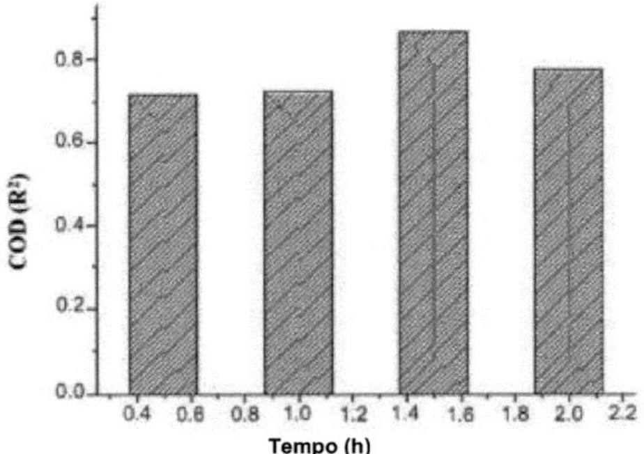

Fig.5. 1 : Coeficiente de determinação (COD) durante diferentes intervalos de tempo para dados radiométricos de canal duplo sobre o Vale do Paraíba, Brasil

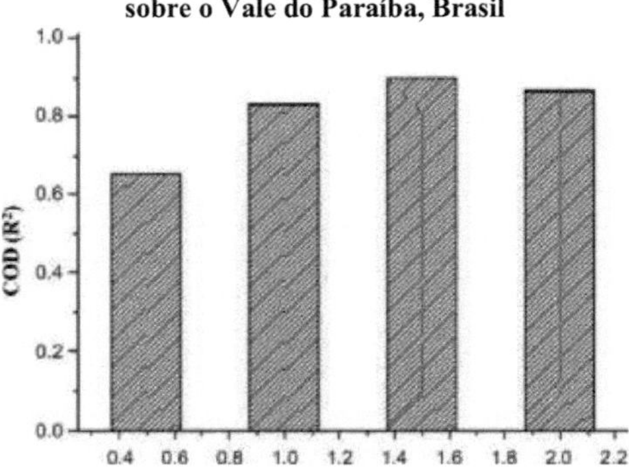

Tempo (h)

Fig.5. 2 : CQO para diferentes intervalos de tempo para dados de frequência de canal duplo em

Alcântara

Uma vez determinado o período de tempo ótimo como sendo 1,5 horas, considerando este período de tempo ótimo, as alterações temporais na intensidade da precipitação para os dados do pluviómetro foram derivadas utilizando a equação (5.1) e para os dados radiométricos foram derivadas utilizando a equação (5.2). As figuras 5.3 e 5.4 mostram as séries temporais das alterações na intensidade da precipitação derivadas dos dados radiométricos (equação 5.2) e as alterações na intensidade da precipitação derivadas dos dados pluviométricos (5.1), considerando o tempo ótimo de 1,5 horas em ambos os locais.

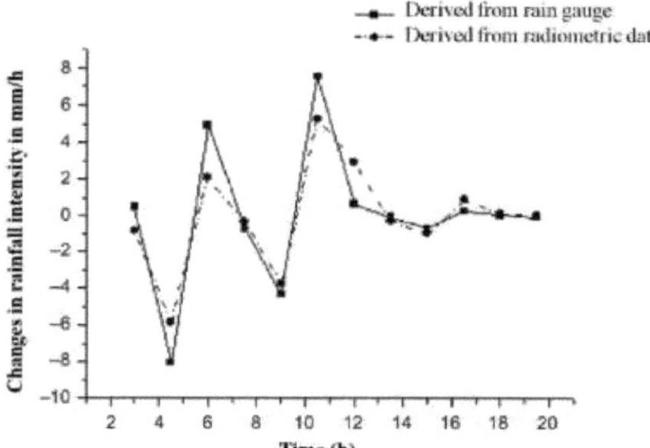

Fig.5. 3 : Mudanças na intensidade da precipitação derivadas de dados radiométricos de canal duplo e dados de pluviômetros sobre o Vale do Paraíba, Brasil

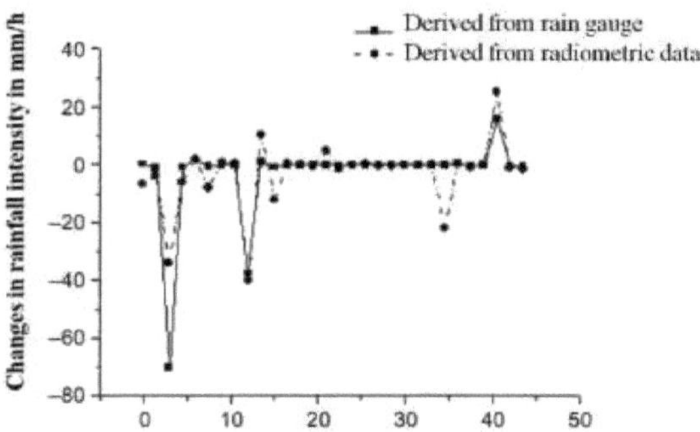

Tempo (h)

Fig.5. 4 : Alterações na intensidade da precipitação derivadas de dados radiométricos de canal duplo e dados de pluviômetros sobre Alcântara, Brasil

1.4. Conclusões

A intensidade da precipitação foi estimada a partir de dados radiométricos de dupla frequência baseados no solo, utilizando o método diferencial (equações 5.1 e 5.2). O período de tempo ótimo envolvido neste método para determinar as alterações temporais na temperatura do brilho e na intensidade da precipitação é de 1,5 horas. O modo de canal duplo é testado através de dados de treino para um período de 1,5 horas e fornece uma melhor correlação do que o modo de canal único. Os dados radiométricos da temperatura de brilho podem fornecer uma boa medida para a estimativa da precipitação.

Capítulo 6

Chuva Atenuação Estudos a dois Tropical Localizações

6.1. Introdução

A estimativa adequada da atenuação da chuva exige uma melhor compreensão das caraterísticas da chuva. Os modelos de atenuação da chuva existentes não apresentam um desempenho satisfatório nas regiões tropicais. Por conseguinte, os modelos existentes devem ser avaliados e estudados em pormenor, a fim de se conhecer melhor a variabilidade das caraterísticas da chuva tropical. Além disso, este tipo de estudo também é significativo na atual deteção remota por satélite dos parâmetros da chuva utilizando bandas de alta frequência (Meneghini et al., 2000).

No presente estudo, a atenuação da chuva foi estimada em três frequências diferentes em dois locais tropicais diferentes, Calcutá (22,57°N, 88,36°E, Índia) e Belém (1,45°S, 48,49°W, Brasil), para os anos de 2010 e 2011. Para ambas as localidades, os valores de atenuação da chuva são obtidos a partir de medições do Disdrometer (dados DSD), considerando a forma esférica e não esférica (polarização horizontal e vertical) da gota de chuva. Estes valores de atenuação são comparados com a atenuação da chuva obtida a partir do modelo ITU-R e de medições radiométricas (temperaturas de brilho). Este estudo será útil para compreender as caraterísticas da atenuação da chuva em zonas climáticas tropicais nos dois hemisférios.

6.2. Metodologia

O cálculo da atenuação da chuva depende da distribuição do tamanho das gotas de chuva (DSD) e da frequência escolhida. Neste trabalho, a atenuação da chuva foi estimada utilizando medições de Disdrómetro (DSD) no solo e medições Radiométricas (temperaturas de brilho) sobre trajectórias

Terra-espaço. Uma vez que as gotas de chuva se tornam esferóides oblatos à medida que aumentam de tamanho (Oguchi, 1983), a atenuação da chuva foi estimada considerando as gotas de chuva como sendo esféricas e esferóides, para efeitos de comparação. Por último, os resultados são também comparados com os valores de atenuação derivados do modelo ITU-R (ITU-R,838-3, 2005).

6.2.1. Atenuação da chuva para gotas esféricas

As gotas de chuva podem ser caracterizadas como dieléctricas com perdas. A dispersão e a absorção são duas consequências principais da propagação de ondas electromagnéticas através do meio da chuva. A atenuação resultante da chuva depende da frequência de propagação, do diâmetro das gotas, da permissividade complexa da água, da orientação e da forma das gotas de chuva. Para investigar a atenuação da chuva, considera-se inicialmente que as gotas de chuva são esféricas e utiliza-se a fórmula de dispersão de Mie (Mie, 1908; Van de Hulst, 1957) para calcular a amplitude de dispersão. A atenuação específica independente da polarização (Ajayi e Olsen, 1985) é estimada a partir da seguinte relação:

$$A_M = 4.343 \times 10^{-3} \int_0^{a_{max}} Q_{ext}(a)N(a)da \qquad (6.1)$$

Aqui Q_{ext} *(a)* é a secção transversal de extinção total, *N(a^)* é a densidade de gotas com raio equivalente *a* e *da* é o intervalo de tamanho das gotas. Agora, Q_{xt} é dado por:

$$Q_{ext} = \frac{\lambda^2}{2\pi} \sum_{n=1}^{\infty} (2n+1)\, Re[a_n + b_n] \qquad (6.2)$$

Em que, a_n e b_n são os coeficientes de dispersão de Mie, que são funções complexas do diâmetro da gota, do comprimento de onda e do índice de refração complexo da água, respetivamente, e *Re* representa a parte real do parâmetro complexo.

6.2.2. Atenuação da chuva para gotas de esferoide oblato

As gotas de chuva não têm uma forma exatamente esférica. As medições efectuadas por vários investigadores (Pruppacher e Beard, 1970; Beard e Chuang, 1987) mostraram que as gotas de chuva maiores do que 1 mm têm uma forma esferoide oblata com uma base achatada. A dispersão de Mie não pode descrever as propriedades de dispersão electromagnética de gotas de chuva não esféricas. A técnica de correspondência de pontos (PMT) é um dos métodos mais utilizados para calcular a dispersão de micro-ondas por gotas de chuva esferóides oblatas (Oguchi, 1981, 1983). A técnica PMT utiliza harmónicos vectoriais elementares para expressar os campos incidentes e dispersos de uma onda plana unitária que incide na gota de chuva oblata. Existem duas abordagens através das quais a correspondência de pontos pode ser alcançada: (1) técnica de colocação (Oguchi, 1973) e (2) técnica de ajuste de mínimos quadrados (Morrison e Cross, 1974; Oguchi e Hosoya, 1974). No presente estudo, utilizámos a técnica de colocação de PMT para calcular a amplitude de dispersão para a frente de gotas de chuva de esferóides oblatos.

A atenuação específica da chuva dependente da polarização para partículas esferoidais oblatas é expressa como

$$A_{h,v} = 4.343 \times 10^{-3} Im(k_{h,v}) \qquad (6.3)$$

Aqui k_h e k_v *são* as componentes horizontal e vertical das constantes de propagação reais e *Im* representa a sua parte imaginária, no meio cheio de chuva (Maitra e Adhikari, 2014) e podem ser expressas como:

$$k_{h,v} = \left(\frac{2\pi}{k}\right) \int_0^{a_{max}} f_{h,v}\, N(a)da \qquad (6.4)$$

Sendo f_h e f_v as amplitudes de dispersão na direção horizontal e vertical devidas às gotas de chuva com distribuição *N (a)*.

6.2.3. Atenuação da chuva a partir da temperatura de brilho

A atenuação da chuva também foi estimada a partir de medições radiométricas (temperaturas de brilho) durante diferentes eventos de chuva, usando a equação de Allnutt (1976) com certas suposições feitas em relação ao meio atmosférico. A equação é a seguinte:

$$A_b = 10log_{10}\frac{T_m - T_{cos}}{T_m - T_b(f)} \qquad (6.5)$$

T_b *(f)* representa a temperatura de brilho numa frequência à escolha. Aqui, T_m é a temperatura atmosférica média que obedece à relação $T_m = C(f\sim)T_s$, em que $C(f\sim)$ é considerado um termo dependente da frequência e T_s é a temperatura da superfície ou do solo. Os valores de *C (f)* foram considerados como sendo 0,95 para as frequências de 22,234 GHz e 23,834 GHz e 0,94 para as frequências de 30 e 31,4 GHz, de acordo com Mitra et al. (2000). O valor aceite de C (f) foi considerado 0,95 para as frequências de 22,234 GHz, 23,834 GHz e 0,94 para as frequências de 30 e 31,4 GHz, segundo Mitra et al.

A temperatura do ruído de fundo T_{cos} é de 2,75 K. A atenuação nas trajectórias Terra-espaço calculada a partir da relação (6.5) é a atenuação total em dB. Durante a chuva, as gotas de chuva desempenham normalmente o papel principal na contribuição para a maior parte da temperatura de brilho radiométrica. Assim, a atenuação total em dB derivada da temperatura de brilho pode ser convertida em atenuação de trajetória específica (dB/km) dividindo o valor da atenuação pela altura da chuva. Para este efeito, assume-se que a intensidade da chuva não varia ao longo do percurso até à altura da chuva (*HR*). Assume-se que esta altura é o nível a partir do qual caem as gotas de chuva com um diâmetro superior a 0,1 mm e pode ser descrita como a altura física da chuva. Note-se também que a altura física da chuva não é facilmente mensurável e a aproximação mais simples consiste em considerar a altura da isotérmica de 0° como altura da chuva (Karmakar et al., 2011). De acordo com a recomendação (ITU-R, 839-4, 2013), as alturas de chuva sobre Calcutá e Belém são de 4,937 km e 4,58 km, respetivamente.

6.2.4. Atenuação da chuva a partir do modelo ITU-R

A atenuação específica do trajeto y_R (dB/km) pode ser obtida a partir da taxa de precipitação *R* (mm/h) utilizando a relação de lei de potência:

$$\gamma_R = kR^\alpha \qquad (6.6)$$

Os valores dos coeficientes *k* e α são as funções da frequência recomendadas na norma ITU-R, P.838-3 (2005). Os valores dos coeficientes *k* e *a* são apresentados no Quadro 6.1. É de notar que, convencionalmente, o modelo ITU-R utiliza $R_{0.01}$ para estimar os valores de atenuação do trajeto específico. No entanto, no caso presente, em vez de $R_{0.01}$, são utilizados os valores da taxa de chuva instantânea (*R*) estimados a partir dos dados da distribuição do tamanho das gotas de chuva do Disdrometer. Para estimar a atenuação total a partir do modelo ITU-R, o valor estimado da atenuação do percurso específico foi multiplicado pela altura efectiva da chuva, de acordo com as recomendações ITU-R, P.839-4 (2013).

Quadro 6. 1: Valores dos coeficientes UIT-R

Frequência em GHz	k	*a*
22.234	0.0878	1.0699
23.834	0.1025	1.0842
30/31.4	0.1673	1.0000

6.3. Estudos de Atenuação da Chuva em Locais Tropicais

O principal objetivo do estudo é efetuar um estudo comparativo das caraterísticas de atenuação em duas regiões tropicais diferentes. Para este efeito, foram efectuadas análises dos valores de atenuação da chuva, considerando tanto o esferoide oblato (para a polarização horizontal e vertical) como as gotas de chuva esféricas, em dois locais tropicais, utilizando medições de Disdrómetro e Radiométricas no solo. Os valores de atenuação derivados da medição com o Disdrómetro reflectem o papel da propriedade microfísica da chuva DSD, enquanto as medições radiométricas reflectem a contribuição do conteúdo de água líquida atmosférica.

6.3.1. Variabilidade das caraterísticas das gotas de chuva de local para local

A análise dos dados DSD nos dois locais tropicais é apresentada na Figura 6.1. Cada um dos gráficos mostra a frequência média de ocorrência de diferentes diâmetros de gotas de chuva para uma classe fixa de taxa de precipitação. Foram consideradas quatro gamas diferentes de taxas de precipitação, nomeadamente, 0-10 mm/h, 10-20 mm/h, 20-30 mm/h e 30-40 mm/h, para avaliar a percentagem de ocorrências. O valor percentual médio da fração do número de gotas de chuva pertencentes a diferentes classes de diâmetro em relação ao número total de gotas de chuva no instante é aqui designado por frequência média de ocorrência. O parâmetro foi estimado para ambas as localidades, Calcutá e Belém. A percentagem de ocorrência de gotas de chuva mais pequenas é consistentemente maior no caso de Belém para todas as classes de taxa de precipitação. No entanto, as gotas de chuva maiores (com diâmetro superior a 4 mm) são mais prováveis em Calcutá do que em Belém. O facto também é evidente na Figura 6.2, onde a densidade numérica de gotas por unidade de volume (em $1/m^3$ .mm) referente a diferentes taxas de chuva foi comparada para os dois locais.

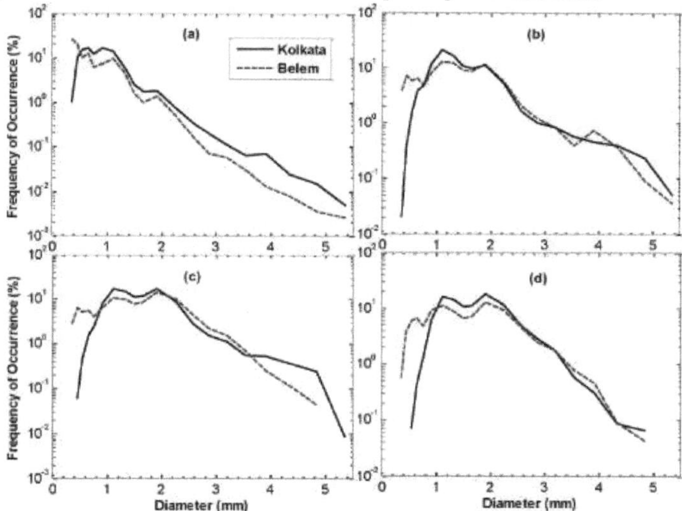

Fig.6. 1: Frequência de ocorrência de diferentes diâmetros de gotas de chuva para intervalos de taxa de precipitação: (a) 0-10 mm/h, (b) 10-20 mm/h, (c) 20-30 mm/h e (d) 30-40 mm/h

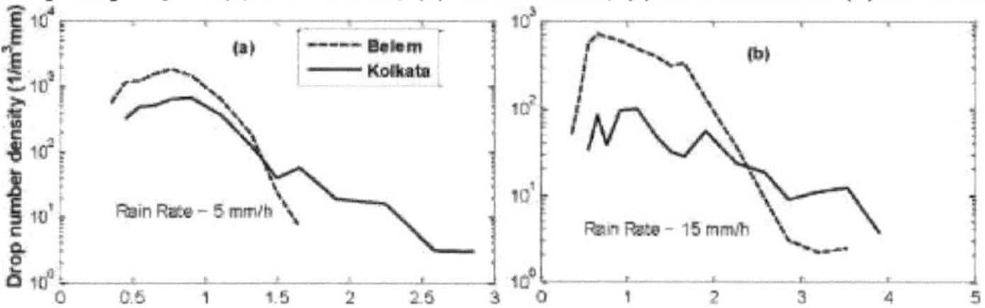

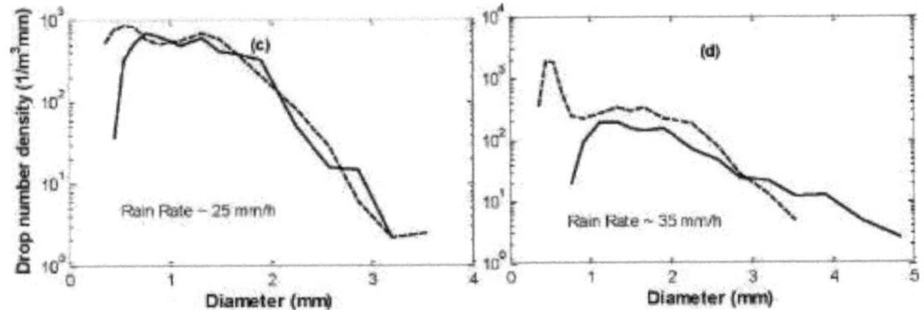

Fig.6. 2: Densidade numérica de diferentes diâmetros de gotas de chuva para taxas de precipitação: (a) 5 mm/h, (b) 15 mm/h, (c) 25 mm/h e (d) 35 mm/h

6.3.2. Variabilidade de medições radiométricas de local para local

As medições radiométricas (temperatura de brilho) podem dar uma estimativa da atenuação total no trajeto Terra-espaço. A variabilidade da temperatura de brilho com a taxa de chuva para ambos os locais tropicais foi investigada neste documento. Como se pode ver na figura 6.3, as medições radiométricas da temperatura de brilho para ambos os locais aumentam com a taxa de chuva e aproximam-se da saturação. A Figura 6.3 mostra que em Calcutá as temperaturas de brilho começam a saturar a uma taxa de chuva de cerca de 30 mm/h, enquanto Belém mostra a saturação a um valor de taxa de chuva mais elevado de 40 mm/h. Para ambos os locais, a temperatura de brilho de saturação é mais ou menos a mesma e quase igual a 300 K. As medições radiométricas em Calcutá mostram a saturação numa taxa de chuva mais cedo do que
em comparação com Belém, porque a altura da chuva em Calcutá é superior à de Belém.

Fig.6. 3 : Variação da temperatura de brilho com a taxa de chuva em três frequências diferentes para (a) Kolkata e (b) Belém

Para mostrar a variabilidade das temperaturas de brilho com a atenuação total, os gráficos entre as medições radiométricas (temperatura de brilho) e a atenuação total estimada a partir da temperatura de brilho usando a fórmula de Allnutt (6.5) em três frequências diferentes foram mostrados na Figura 6.4. A figura mostra que à medida que T_b aumenta, aproxima-se mais da temperatura atmosférica média (T_m), conduzindo assim a um efeito de saturação. O resultado sugere que a validade da relação (6.5) é limitada a valores mais baixos de temperatura de brilho (T_b). Por outras palavras, valores mais elevados de T_b não permitem valores de atenuação fiáveis (Siles et al., 2011).

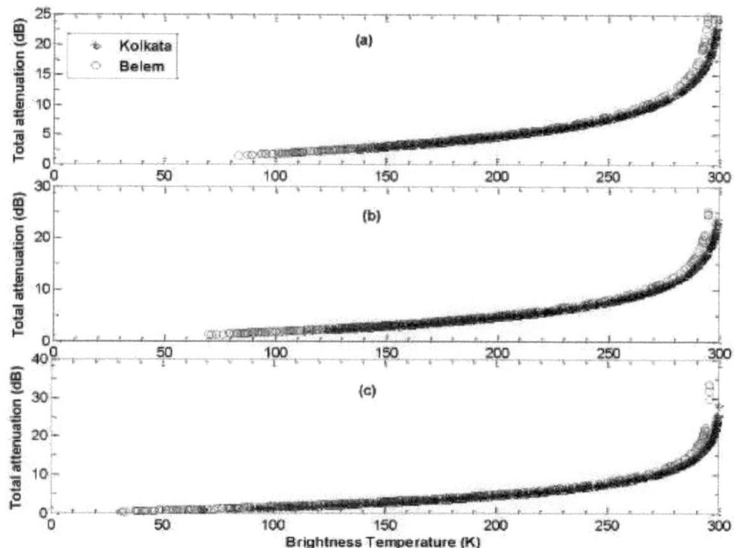

Fig.6. 4 : Variação da atenuação total com a temperatura de brilho sobre Calcutá e Belém em três frequências: (a) 22,234 GHz, (b) 23,834 GHz e (c) 31,4/30 GHz

6.3.3. Variabilidade entre locais da atenuação da chuva derivada do DSD considerando gotas esféricas

A Figura 6.5 ilustra a variabilidade dos valores de atenuação com a taxa de chuva em duas localidades tropicais, Calcutá e Belém. Os valores de atenuação na figura são estimados a partir de dados DSD considerando a dispersão de Mie e assumindo que as partículas de chuva têm forma esférica. É evidente a partir da Figura 6.5 que os valores de atenuação nos dois locais não mostram muito desvio abaixo da taxa de chuva de 30mm/h para cada uma das três frequências. O resultado indica que o DSD não tem um efeito significativo na atenuação da chuva para taxas de chuva idênticas inferiores a 30 mm/h. No entanto, o impacto torna-se significativo com taxas de chuva mais elevadas. Este facto também é evidente na Tabela 6.2, que mostra os valores de desvio médio entre a atenuação estimada por Mie para Calcutá e Belém.

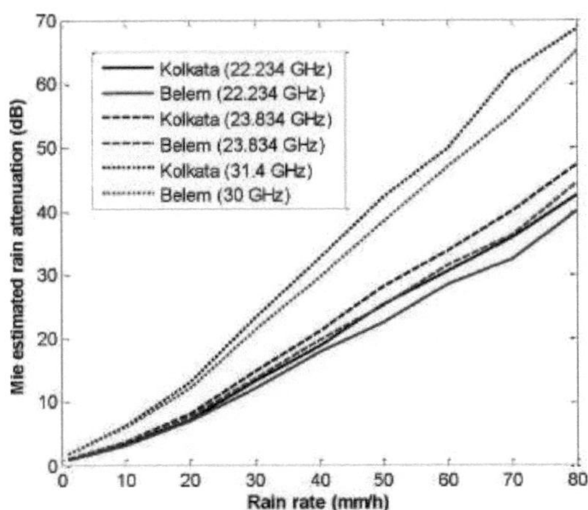

Fig.6. 5 : Variação da atenuação estimada de Mie com a taxa de chuva sobre Calcutá e Belém para diferentes frequências

Tabela 6. 2: Desvios médios das atenuações de chuva estimadas por Mie entre os dois locais para todas as frequências

Intervalos de precipitação	Desvio médio (dB) nas frequências		
	22.234 GHZ	23,834 GHz	31,4/30 GHz
Até 30 mm/h	0.34	0.42	0.80
30 - 80 mm/h	2.33	2.66	4.04

6.3.4. Variabilidade de local para local da atenuação total da chuva

Os valores de atenuação registados nos dois locais tropicais são comparados para estudar a influência dos parâmetros atmosféricos locais nas medições radiométricas. É evidente na Figura 6.6 que as medições radiométricas apresentam desvios significativos nos dois locais. O desvio começa com um mínimo de 0,67 dB e 0,54 dB a taxas de chuva baixas e sobe até um valor de 2,68 dB e 3,2 dB a uma taxa de chuva de 30 mm/h para as frequências de 22,234 GHz e 23,834 GHz, respetivamente. No entanto, a atenuação para as frequências de 31,4 e 30 GHz não apresenta qualquer desvio significativo. A razão subjacente a esta incoerência é que, nas frequências de 22,234 GHz e 23,834 GHz, o teor de vapor de água atmosférico afecta significativamente a atenuação da trajetória, ao passo que, perto de 30 GHz, a contribuição do vapor de água para a atenuação se torna negligenciável. Por conseguinte, os valores de atenuação radiométrica para as frequências de 22,234 e 23,834 GHz apresentam desvios devido à variabilidade do vapor de água atmosférico prevalecente nos dois locais. A Figura 6.6 também demonstra que a atenuação radiométrica em Calcutá é maioritariamente mais elevada do que em Belém. Este facto deve-se à diferença no ambiente de chuva predominante nos dois locais.

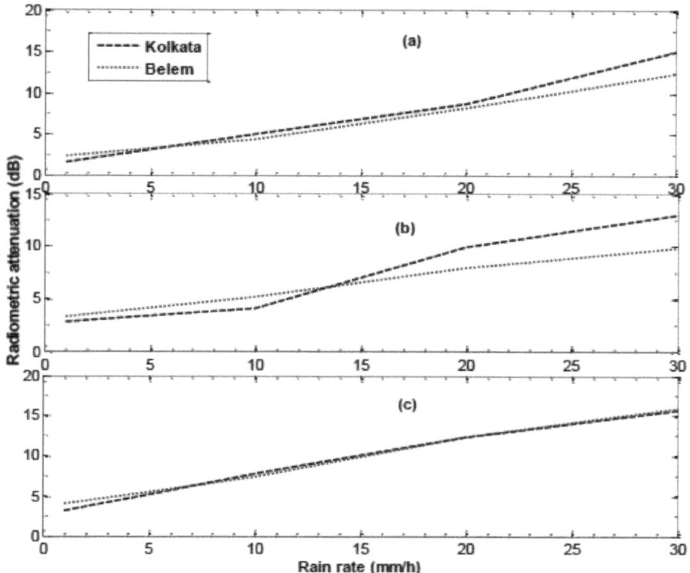

Fig.6. 6 : Variação da atenuação total das medições radiométricas com a taxa de chuva em três frequências: (a) 22,234 GHz, (b) 23,834 GHz e (c) 31,4/30 GHz

6.3.5. Comparação entre os valores de atenuação da chuva obtidos por quatro métodos multi-técnicos em dois locais tropicais

Esta secção representa a variação da atenuação da chuva com a taxa de chuva nos dois locais tropicais. Um estudo comparativo da atenuação da chuva independente da polarização (considerando o espalhamento Mie), da atenuação da chuva dependente da polarização (considerando o PMT), da atenuação estimada a partir da relação de Allnutt (utilizando as temperaturas de brilho radiométricas) e do modelo ITU-R nas frequências 22.234, 23.834 e 31.4/30 GHz, é ilustrado nas Figuras 6.7 e 6.8. Para as

Para comparar os valores de atenuação derivados de diferentes técnicas, os valores médios de atenuação são obtidos para diferentes gamas de taxas de precipitação com um passo de 10 mm/h. Pode notar-se que os valores de atenuação estão próximos uns dos outros até uma taxa de chuva de 20 mm/h e apresentam desvios acima de uma taxa de chuva de 30 mm/h que aumentam com o aumento da frequência.

As Tabelas 6.3, 6.4 e 6.5 mostram os desvios médios da atenuação da chuva dependente da polarização (considerando PMT de dados DSD), da atenuação utilizando o modelo ITU-R e da atenuação estimada a partir da relação de Allnutt (utilizando temperaturas de brilho radiométricas) em relação à atenuação da chuva independente da polarização (considerando espalhamento Mie, utilizando dados DSD) nas frequências 22.234, 23.834 e 31.4/30 GHz. Como é evidente nas Tabelas 6.3, 6.4 e 6.5, os valores de atenuação derivados das medições radiométricas apresentam alguns desvios significativos mesmo até 20 mm/h. O vapor de água predominante na atmosfera local causa alguma anomalia na variação do desvio radiométrico a 22,234 GHz.

As Figuras 6.7 e 6.8 também demonstram que os valores de atenuação obtidos a partir do PMT dependem da polarização, sendo que a atenuação relativa à polarização horizontal apresenta valores mais elevados do que a vertical. A razão é compreensível, uma vez que as gotas são consideradas esferóides com um eixo horizontal alongado em comparação com o eixo vertical. Os valores da atenuação independente da polarização obtidos a partir da dispersão de Mie (assumindo gotas de chuva esféricas) situam-se entre os dois valores de atenuação dependentes da polarização. É também evidente, a partir das Figuras 6.7 e 6.8 e das Tabelas 6.3, 6.4 e 6.5, que os valores de atenuação obtidos a partir de medições radiométricas apresentam desvios máximos em relação aos valores de atenuação da chuva avaliados a partir de dados DSD, especialmente a taxas de chuva mais elevadas e a frequências mais elevadas. Por conseguinte, foi efectuada uma análise estatística dos valores de atenuação avaliados a partir de medições radiométricas com referência aos valores obtidos a partir da formulação de dispersão de Mie utilizando dados DSD. Os resultados estão resumidos na Tabela 6.6. Os coeficientes de correlação entre os dois valores de atenuação são elevados e a raiz do erro quadrático médio aumenta com o aumento da frequência. Também é visível nas Figuras 6.7 e 6.8 que os valores de atenuação da chuva obtidos a partir de medições radiométricas aumentam inicialmente com as taxas de chuva, mas os valores diminuem com taxas de chuva elevadas. Isto deve-se ao facto de, a taxas de chuva mais elevadas, a emissão atmosférica ser reduzida devido ao efeito de escurecimento (Tsang et al., 1985), uma vez que, nessas situações, a própria atenuação da chuva desempenha um papel na diminuição da temperatura de brilho.

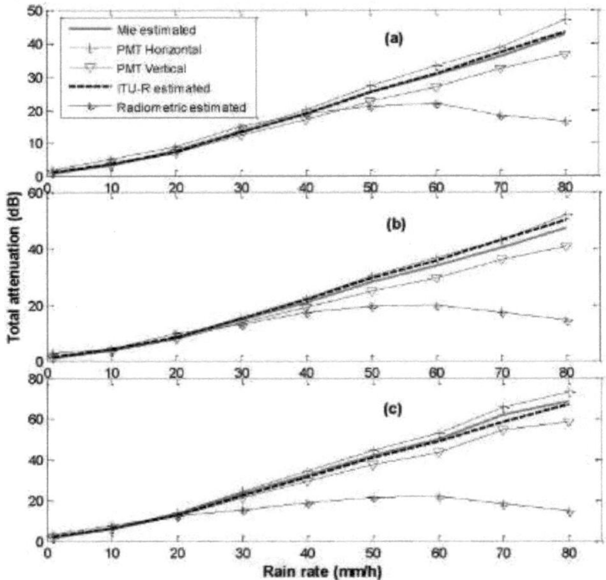

Fig.6. 7 : Variação da atenuação total com a taxa de chuva em Calcutá para três frequências (a) 22,234 GHz, (b) 23,834 GHz e (c) 31,4 GHz

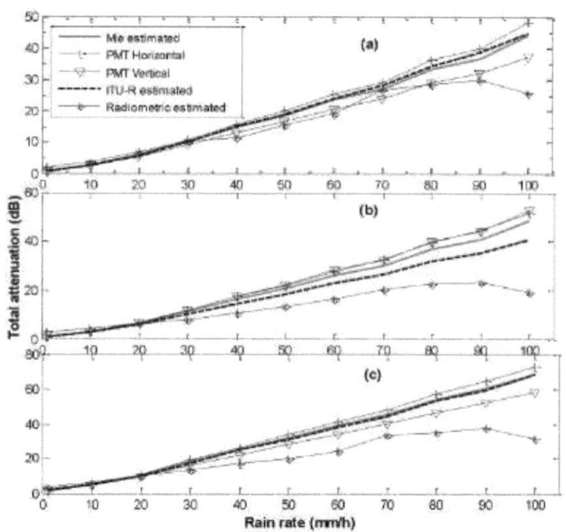

Fig.6. 8 : Variação da atenuação total com a taxa de chuva em Belém para três frequências (a) 22,234 GHz, (b) 23,834 GHz e (c) 30 GHz

Tabela 6. 3: Desvios médios dos valores de atenuação obtidos por diferentes técnicas em relação à atenuação de Mie a 22,234 GHz

Localização	Taxa de precipitação gamas	Desvio médio (dB) em relação à atenuação estimada por Mie a 22,234GHz			
		Radiométrico	**PMT vertical**	**PMT horizontal**	**UIT-R**
Calcutá	Até 20 mm/h	1.31	0.20	0.17	0.15
	20-30 mm/h	1.65	0.66	0.54	0.03
	30-40 mm/h	0.93	1.26	0.99	0.12
	40 -80 mm/h	11.34	3.55	2.51	0.46
Belém	Até 20 mm/h	1.24	0.25	0.19	0.13
	20-30 mm/h	0.68	0.75	0.58	0.16
	30-40 mm/h	2.44	1.53	1.04	0.17
	40 -80 mm/h	7.70	4.37	2.92	0.94

Tabela 6. 4: Desvios médios dos valores de atenuação obtidos por diferentes técnicas em relação à atenuação de Mie a 23,834 GHz

Localização	Taxa de precipitação gamas	Desvio médio (dB) em relação à atenuação estimada por Mie a 23,834 GHz			
		Radiométrico	**PMT vertical**	**PMT horizontal**	**UIT-R**
Calcutá	Até 20 mm/h	1.27	0.24	0.18	0.26
	20-30 mm/h	1.74	0.78	0.57	0.38
	30-40 mm/h	2.70	1.51	1.06	0.77
	40 -80 mm/h	16.41	4.17	2.66	1.91
Belém	Até 20 mm/h	1.27	0.21	0.21	0.29
	20-30 mm/h	1.95	0.63	0.63	0.89
	30-40 mm/h	5.48	1.12	1.12	1.77
	40 -80 mm/h	16.15	3.07	3.07	5.03

Tabela 6. 5: Desvios médios dos valores de atenuação obtidos com diferentes técnicas em relação à atenuação de Mie a 31,4/30 GHz

Localização	Taxa de precipitação gamas	Desvio médio (dB) em relação à atenuação estimada por Mie a 31,4/30 GHz			
		Radiométrico	PMT vertical	PMT horizontal	UIT-R
Calcutá	Até 20 mm/h	1.19	0.44	0.28	0.28
	20-30 mm/h	4.30	1.47	0.88	0.70
	30-40 mm/h	10.75	2.71	1.53	1.15
	40 -80 mm/h	31.89	6.36	3.18	1.53
Belém	Até 20 mm/h	1.22	1.46	0.30	1.22
	20-30 mm/h	2.75	4.19	0.91	3.39
	30-40 mm/h	7.44	6.70	1.51	4.54
	40 -80 mm/h	21.80	15.53	3.54	10.10

Tabela 6. 6: Análise estatística da atenuação avaliada a partir de medições radiométricas com referência à obtida a partir da formulação de dispersão de Mie utilizando dados DSD

Localização	Estatística Parâmetros	Taxa de precipitação	Frequências		
			22,234 GHz	23,834 GHz	31.4/30 GHZ
Calcutá	Coeficiente de correlação	Até 40mm/h	0.99	0.98	0.97
	RMSE		1.34	2.11	7.12
Belém	Coeficiente de correlação		0.96	0.99	0.99
	RMSE		2.31	3.81	5.00
Calcutá	Coeficiente de correlação	40-100 mm/h	0.79	0.78	0.73
	RMSE		11.03	14.52	26.29
Belém	Coeficiente de correlação		0.95	0.94	0.96
	RMSE		8.07	14.80	19.50

6.4. Conclusões

Neste capítulo, foi efectuada uma comparação da atenuação da chuva estimada a partir de medições com o Disdrometer e de observações radiométricas em dois locais tropicais em dois hemisférios diferentes. Verifica-se que os DSDs da chuva dependem do clima local das duas localidades. Em Belém, observa-se uma abundância de gotas mais pequenas, ao passo que em Calcutá são encontradas gotas maiores com maior densidade para taxas de chuva idênticas. Os dados do radiómetro para ambos os locais mostram caraterísticas quase semelhantes, saturando a uma temperatura de brilho de quase 300 K. No entanto, as medições radiométricas em Calcutá mostram a saturação a uma taxa de chuva de 30 mm/h, enquanto a saturação em Belém ocorre a 40 mm/h, indicando o desempenho limitado do radiómetro. Os resultados mostram que, para taxas de chuva inferiores a 30 mm/h, os valores de atenuação coincidem bem nos dois locais. As medições do disdrómetro (DSD) fornecem uma boa estimativa da atenuação da chuva a taxas de chuva elevadas quando comparadas com o modelo ITU-R (ITU-R, 838-3, 2005). Os resultados também mostram que, embora os DSD nos dois locais sejam, em certa medida, diferentes, os valores de atenuação não mostram grandes diferenças, exceto a taxas de chuva elevadas. Os valores de atenuação obtidos a partir de medições radiométricas nos dois locais mostram uma diferença significativa em 22,234/23,834 GHz devido à variabilidade do ambiente de chuva prevalecente.

Capítulo 7

Chuva Propriedades microfísicas observadas a partir de LPM Medições

7.1. Introdução

As propriedades microfísicas, como o tamanho e a velocidade das gotas, são cruciais para compreender o processo físico associado à chuva. A análise da velocidade das gotas é também muito importante para compreender a contribuição do vento vertical em diferentes condições de chuva. A medição exacta da velocidade de queda da gota em condições naturais ao ar livre tem sido uma questão de longa data e altamente desafiadora para a comunidade meteorológica (Yu et al., 2016). A velocidade de queda da gota de chuva está intimamente relacionada com o tamanho da gota de chuva e o vento vertical durante o evento de chuva. Além disso, a grande variabilidade da distribuição do tamanho das gotas de chuva, especialmente para gotas mais pequenas do que cerca de 1,5 mm (Williams et al., 2000), coloca problemas na análise das medições do tamanho das gotas. O LPM é um disdrómetro ótico que mede simultaneamente o tamanho e a velocidade das gotas de precipitação ao nível do solo (Sarkar et al., 2015). O LPM detecta com fiabilidade gotas mais pequenas (Löffler-Mang e Joss, 2000). Neste estudo, analisámos as velocidades de queda das gotas de chuva e as distribuições do tamanho das gotas observadas pelas medições do LPM (Clima, 2007), sobre a localização tropical de Calcutá (22,57°N, 88,36°E, Índia) para o ano de 2013, e comparámo-las com as medições de Gunn-Kinzer (Gunn e Kinzer, 1949) para compreender o processo físico associado.

7.2. Metodologia

A saída do LPM pode ser obtida em três formatos diferentes: o modo gota a gota, o modo de acumulação de um minuto e o modo de impulso, em que o instrumento imita o comportamento de um pluviómetro de balde basculante. No modo gota a gota, o LPM regista a hora, a tensão mínima do recetor e o diâmetro e a velocidade equi-volumétrica da gota. No modo de acumulação de um minuto, o LPM fornece uma matriz de 22 por 20 com a contagem de gotas em cada uma das classes de tamanho e velocidade.

O presente trabalho utilizou o modo de acumulação de um minuto, uma vez que o modo gota a gota requer uma taxa de transmissão extremamente elevada porque o número de gotas que passam pelo volume de deteção do Disdrómetro pode ser grande (de Moraes Frasson et al., 2011). A matriz 22 por 20 (tabela com 22 linhas e 20 colunas) contendo um resumo de todas as gotas registadas é fornecida a cada minuto. Cada elemento da tabela está associado a uma classe de diâmetro e velocidade. O primeiro elemento armazena o número de gotas com um diâmetro entre 0,125 mm e 0,250 mm e uma velocidade entre 0 m/s e 0,2 m/s; o segundo elemento armazena o número de gotas com o mesmo diâmetro mas com velocidades entre 0,2 m/s e 0,4 m/s. Os 20 elementos seguintes englobam todas as velocidades para a classe de diâmetro seguinte e assim sucessivamente, abrangendo diâmetros de 0,125 mm a 8 mm e velocidades entre 0,2 m/s e 10 m/s. Isto resulta numa contagem total de 440 caixas (Clima, 2007).

A densidade numérica de gotas $N(Di)$ $(m^{-3}\ mm^{-1})$ (Guyot et al., 2019) foi obtida a partir das velocidades de queda, medidas pelo LPM (Löffler-Mang e Joss, 2000), de acordo com a relação :

$$N(D_i) = \sum_{j=1}^{20} \frac{n_{ij}}{A_i \Delta t V_j \Delta D_i} \qquad (7.1)$$

D_i *(mm)* é o diâmetro médio equivalente em volume da caixa ι^{th}, $N(Di)$ $(m^{-3}\ mm^{-1})$ é a concentração de gotas de chuva por unidade de volume no intervalo de diâmetro ΔD_i *(mm)* em torno de D_i, n_{ll} é o número de gotas registadas na caixa de dimensão *i* (22) e na caixa de velocidade *j(20)*. *Vj(m/s)* é a velocidade de queda para a posição *j* , A_i (m^2) (0,0046 m^2) é a área efectiva de amostragem para a posição de dimensão ι^{th} e é considerada constante e Δt (60 s) é o intervalo de amostragem.

7.2.1. Comparação entre a velocidade observada com o LPM e o modelo de Gunn-Kinzer em condições reais de chuva

As velocidades de queda para cada compartimento foram obtidas a partir do tamanho das partículas e do espetro de densidade de velocidade, conforme observado pelo LPM, e são comparadas com o modelo de velocidade de Gunn-Kinzer (Löffler-Mang e Joss, 2000). A Figura 7.1 representa o gráfico de velocidade de queda versus densidade de diâmetro para o ano de 2013 sobre Calcutá, conforme medido pelo LPM. A escala de cores indica o número de partículas para cada compartimento (velocidade e diâmetro). O modelo de velocidade de Gunn e Kinzer, (1949) (Löffler-Mang e Joss, 2000) está representado a vermelho. A outra curva representa a resposta ajustada correspondente à velocidade média de queda para cada categoria de tamanho.

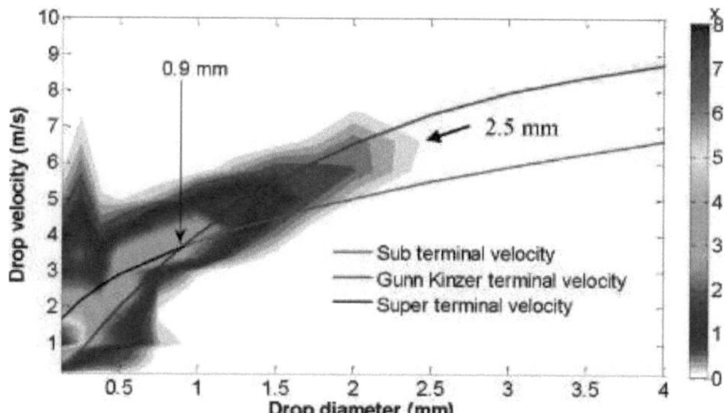

Fig.7. 1: Gráfico da velocidade da gota versus densidade do diâmetro

A Figura 7.1 mostra que as medições de LPM compreendem concentrações elevadas de gotas mais pequenas, com o tamanho de gota mais elevado de 2,5 mm. As gotas mais pequenas, com diâmetros até 0,9 mm, caem a uma velocidade superior à velocidade de Gunn Kinzer, designada por velocidade super terminal (curva a preto), mas à medida que o diâmetro da gota aumenta, as velocidades de Gunn Kinzer ultrapassam as velocidades medidas pelo LPM, ou seja, as gotas caem a uma velocidade sub terminal (curva a magenta) ou a uma velocidade inferior à velocidade terminal de Gunn Kinzer (GK) para além do diâmetro da gota de 0,9 mm. Isto deve-se ao facto de um equilíbrio entre a rutura e a coalescência das gotas conduzir a uma velocidade de queda "superior à velocidade terminal" (velocidade super terminal) para gotas pequenas, mas a uma velocidade de queda "inferior à velocidade terminal" (velocidade sub terminal) para gotas grandes (Niu et al., 2010).

A Figura 7.2 apresenta estudos de caso para três eventos de chuva. Com base no perfil de refletividade do MRR e na presença/ausência da assinatura da Banda Brilhante (BB), os eventos de chuva são classificados como um evento puramente estratiforme em 13 de julho de 2013 com uma taxa de precipitação mais elevada de 3 mm/h, um evento misto em 27 de julho de 2013 com uma taxa de precipitação mais elevada de 45 mm/h e um evento puramente convectivo em 18 de junho de 2013 com uma taxa de precipitação mais elevada de 150 mm/h.

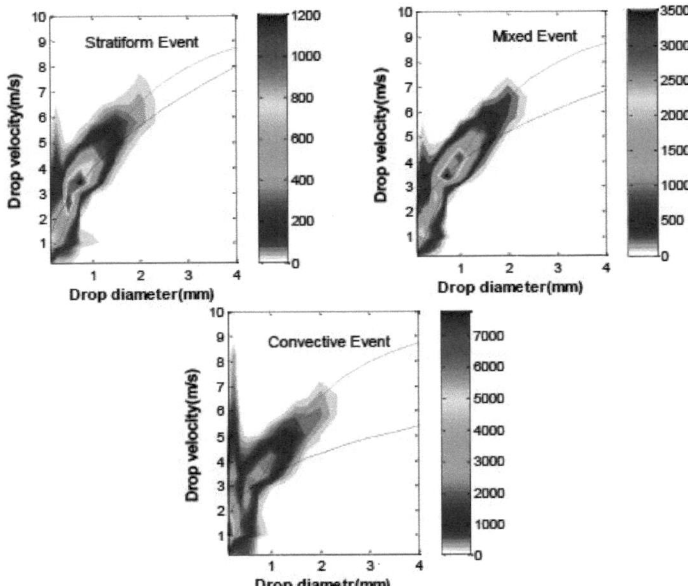

Fig.7. 2: Gráfico da velocidade de queda específica do evento versus densidade do diâmetro (medida pelo LPM, linha preta) da velocidade terminal GK (linha vermelha) em condições reais de chuva. O desvio absoluto da velocidade (Δv) aumenta de um evento de chuva estratiforme para um evento de chuva mista e para um evento de chuva convectiva, e o desvio atinge o máximo durante o evento de chuva convectiva. Isto deve-se ao facto de a forte presença de vento vertical durante os fenómenos de chuva convectiva aumentar os processos de desagregação-coalescência. Neste contexto, foi definido um novo parâmetro designado por desvio médio da velocidade *(MVD~)*, de acordo com a relação:

$$MVD = \frac{\int \Delta v(D)N(D)dD}{\int N(D)dD} \qquad (7.2)$$

Aqui, Δv in *(m/s)* é o valor absoluto da diferença de velocidade entre a velocidade real de queda (medida pelo LPM, linha preta) e a velocidade terminal GK (linha vermelha), como mostra a figura 7.2, e $N(D^{y})$ $(m{\sim}^{3}\ mm{\sim}^{iy})$ é a concentração de gotas de chuva por unidade de volume no intervalo de diâmetro *(mm)*, medida pelo LPM, de acordo com a equação (7.1). O desvio da velocidade média *MVD (m/s)* pode fornecer uma boa medida do vento vertical que afecta diferentes tipos de precipitação em diferentes condições climáticas. As Figuras 7.3, 7.4 e 7.5 mostram as variações *da VVM* para um determinado fenómeno estratiforme, misto e convectivo, como mencionado na Figura 7.2.

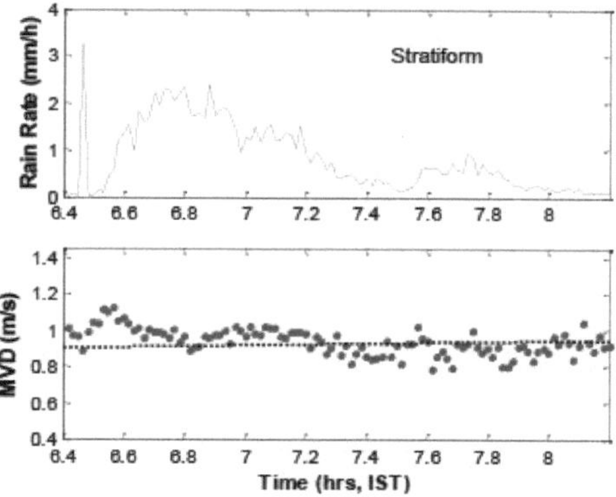

Fig.7. 3 : Variações *de MVD* para o evento estratiforme de 13 de julho de 2013

A Figura 7.3 mostra que, durante o evento estratiforme de 13 de julho de 2013, não se observou esse efeito do vento vertical, uma vez que os valores *de MVD* (equação 7.2) mostram uma mera variação média de 0,09 m/s durante o evento de 1,6 horas, com início às 6,4 horas, IST, e fim às 8 horas, IST, como mostra a linha ajustada (linha preta a tracejado) na Figura 7.3.

Fig.7. 4 : Variações *de MVD* para o evento misto de 27 de julho de 2013

No entanto, a Figura 7.4 mostra que, durante o evento misto de 27 de julho de 2013, o efeito do vento vertical observado em termos dos valores *de MVD* apresenta uma variação média de 0,18 m/s desde a hora de início do evento (4 horas, IST) até ao final do evento (10 horas, IST). A linha ajustada é apresentada na figura. O evento misto é um caso de transição entre o evento estratiforme e o convectivo, tendo as caraterísticas de ambos os tipos.

Como já foi referido, os fenómenos convectivos estão normalmente associados a ventos fortes, a rupturas de gotas proeminentes e a processos de coalescência, pelo que se espera que as variações *do MVD* (equação 7.2) para os fenómenos convectivos sejam as mais elevadas de todos os três tipos de fenómenos. A Figura 7.5 mostra que, durante o evento convectivo de 18 de junho de 2013, os valores *de MVD* apresentam uma variação média de 0,5 m/s durante o evento. A variação média dos valores *de MVD* pode mudar de evento para evento, dependendo da presença forte/fraca de vento vertical. Assim, ao estimar os valores *de MVD* para diferentes eventos de chuva, é possível ter uma ideia do cisalhamento vertical que afecta os eventos em diferentes condições atmosféricas.

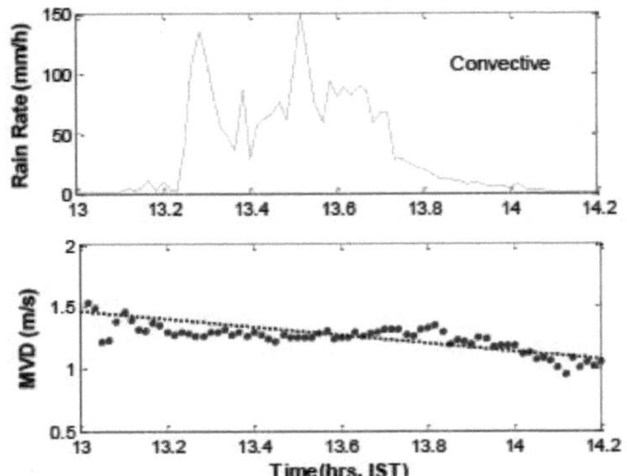

Fig.7. 5 : Variações *de MVD* para o evento convectivo de 18 de junho de 2013

A dependência do desvio da velocidade média *(MVD)* da taxa de chuva para diferentes tipos de chuva é apresentada na Figura 7.6. A figura mostra que *a MVV* atingiu um valor máximo de 1,1 m/s, 1,5 m/s e 1,7 m/s para o evento estratiforme, misto e convectivo, respetivamente, em 13 de julho, 27 de julho e 18 de julho

junho de 2013. Observa-se que, independentemente dos tipos de chuva (estratiforme ou mista ou convectiva) e independentemente da taxa máxima de chuva registada durante um determinado evento pluviométrico, a variação do *MVD* com a taxa de chuva apresenta uma natureza idêntica para os três tipos de eventos pluviométricos. Os valores *de MVD* mostram variação apenas para taxas de precipitação comparativamente mais baixas e, a taxas de precipitação mais elevadas, *o MVD* mostra saturação. No caso dos fenómenos estratifrométricos, os valores *de MVD* variam até uma taxa de precipitação de 1 mm/h, para além da qual se aproximam da saturação. Para as ocorrências mistas e convectivas, *o MVD* apresenta variações até taxas de precipitação de 10 mm/h e 20 mm/h, respetivamente.

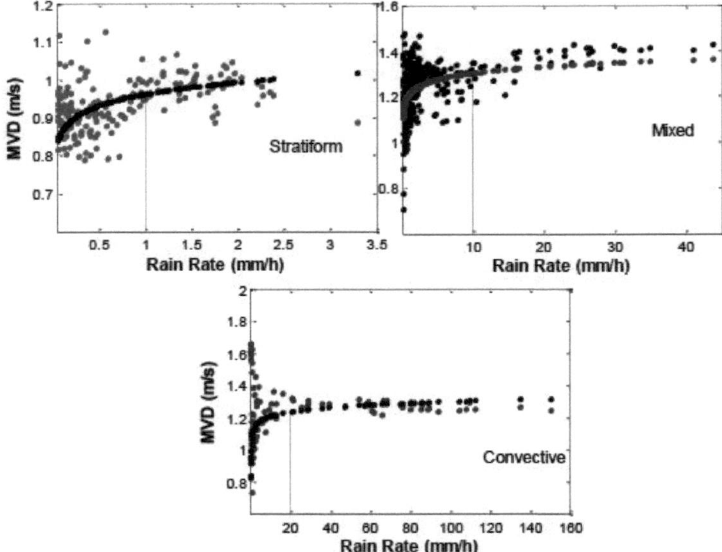

Fig.7. 6: Variações específicas do evento do desvio da velocidade média *(MVD)* com a taxa de

chuva

A partir da Figura 7.6, é evidente que, durante os três eventos, apenas as taxas de precipitação comparativamente mais baixas são mais afectadas pelo vento vertical do que as taxas de precipitação mais elevadas. Isto deve-se ao facto de as taxas de precipitação mais elevadas estarem associadas a uma maior velocidade de tiragem vertical, que afecta a desagregação e a coalescência das gotas de chuva, alterando a distribuição do tamanho das gotas. O aumento da velocidade de tiragem vertical e a alteração da DSD, que ocorrem simultaneamente, resultam na limitação dos valores de *MVD* a taxas de precipitação elevadas.

7.2.2. Comparação entre *N(D)* estimado a partir das velocidades terminais LPM e GK

A densidade numérica de gotas *N(D~)* $(m^{\sim 3}\ mm^{\sim 1})$ (Guyot et al., 2019) derivada das velocidades de queda em condições reais de chuva, medidas pelo LPM, é comparada com a derivada das velocidades de Gunn-Kinzer (Löffler-Mang e Joss, 2000) de acordo com a relação 7.1.

É evidente na Figura 7.7 que, para gotas de chuva com um diâmetro inferior a 0,5 mm, a densidade de gotas obtida a partir das velocidades terminais do GK é superior à densidade de gotas obtida a partir das velocidades medidas pelo LPM em condições reais de chuva. medida que o diâmetro aumenta, as gotas maiores dividem-se em gotas mais pequenas. Uma vez que o LPM detecta gotas pequenas de forma muito fiável, a contribuição destas gotas mais pequenas é mais proeminente nos valores de *N(D~)* obtidos a partir das velocidades medidas pelo LPM do que nos valores obtidos utilizando as velocidades terminais GK. Assim, a linha azul *(valores N(D)* obtidos a partir das velocidades medidas pelo LPM) ultrapassa a linha vermelha (valores *N(D)* obtidos a partir das velocidades terminais GK) após um diâmetro de gota de 0,5 mm. Os desvios entre dois valores *de N(D~)*, isto é, os desvios entre a linha azul e a vermelha, são maiores para a ocorrência convectiva do que para as ocorrências de chuva estratiforme e mista. A razão subjacente a este facto é que as correlações espaciais de pares (Jameson, et al., 2015), que são uma medida da rutura das gotas (Larsen et al., 2014), aumentam mais durante as chuvas convectivas do que durante as chuvas estratiformes (Testik e Pei, 2017), devido à presença de vento vertical forte associado às chuvas convectivas.

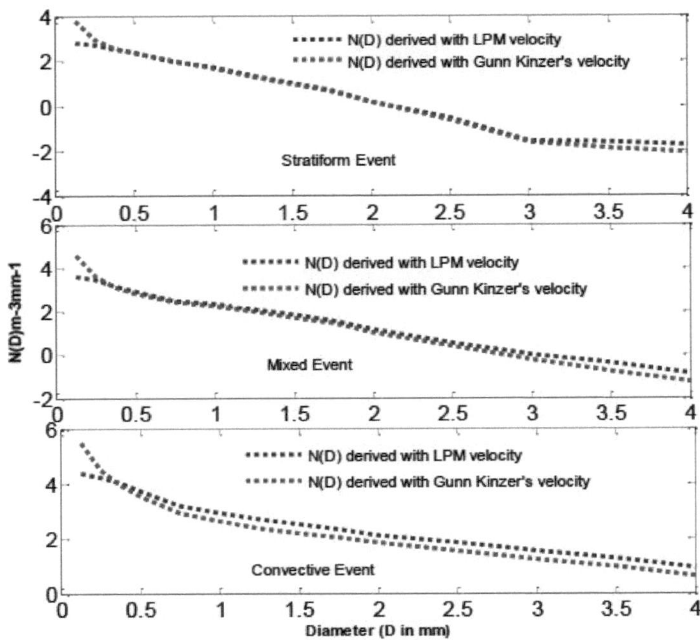

Fig.7. 7: Gráfico da densidade de gotas específica do evento versus diâmetro

7.3. Conclusões

As medições LPM das gotas de chuva mostram que as gotas mais pequenas, com diâmetro inferior a 0,9 mm, caem com velocidade super terminal, enquanto as gotas com diâmetro superior a 0,9 mm caem com velocidade sub terminal. As taxas de precipitação mais baixas registadas num determinado evento são mais afectadas pelo cisalhamento vertical, independentemente de se tratar de eventos com taxas de precipitação pequenas ou elevadas. As contribuições das gotas de tamanho médio (gotas com diâmetro superior a 0,5 mm e inferior a 2,5 mm) para a densidade numérica derivada das velocidades observadas pelo LPM e pelas velocidades GK não apresentam qualquer diferença em condições reais de chuva, para a chuva estratiforme. No entanto, para outros tipos de chuva, as contribuições das gotas de tamanho médio para a densidade numérica são maiores e são maiores no caso da chuva convectiva. As medições LPM fornecem dados valiosos para analisar a velocidade da gota e a modulação DSD devido aos efeitos complexos do vento em diferentes condições de chuva.

Capítulo 8

Resumo, conclusões e plano de trabalho futuro

8.1. Resumo e conclusões

Existem várias técnicas disponíveis para classificar e caraterizar a chuva. Cada técnica tem as suas próprias vantagens e desvantagens. No presente estudo, foram avaliadas algumas das técnicas e também foi utilizada uma nova técnica baseada numa abordagem estatística para classificar e caraterizar as precipitações. Para além da classificação e caraterização da chuva, outro aspeto importante associado à chuva é a previsão da chuva. Uma previsão eficiente requer técnicas adequadas de estimativa da intensidade da precipitação. No presente estudo, foi feito um esforço para estimar a intensidade da precipitação. Um fator muito importante que afecta negativamente as ligações de comunicação é a atenuação da chuva. Neste estudo, a atenuação da chuva também foi estimada em diferentes frequências em diferentes locais tropicais. As propriedades microfísicas da chuva, como o tamanho da gota e a velocidade de queda em diferentes condições de chuva, também foram analisadas no presente estudo. Em geral, a tese aborda várias técnicas de classificação da chuva, técnicas de estimativa da intensidade da chuva, estudos de atenuação da chuva e análise das propriedades microfísicas da chuva em locais tropicais.

Como já foi referido, foram utilizadas várias técnicas de classificação da chuva para identificar precipitações estratiformes e convectivas, utilizando medições MRR, EFM, Radiómetro e Disdrómetro. Para além dos tipos de chuva estratiforme e convectiva, o perfil de refletividade MRR distingue entre chuva estratiforme pura e chuva mista (as chuvas mistas são marcadas com baixa refletividade (< 40 dBZ) na ausência de uma assinatura BB distinta). Os resultados mostram que uma quantidade significativa de chuva de tipo misto prevalece tanto nas estações de pré-monção como de monção sobre a região tropical de Calcutá. As medições radiométricas também distinguem os eventos de chuva mista dos tipos de chuva estratiforme e convectiva e, durante a fase de transição, a diferença de temperatura de brilho entre os canais de 31,4 e 22,23 GHz (ΔT_b (3_1 . $-_{42}$ 2,23)) apresenta valores positivos na presença de baixa refletividade e baixas taxas de chuva.

Foi proposto um novo método para classificar a chuva estratiforme e convectiva com base na modelação de regressão logística do rácio de momento *(M6/* M3). O método Moment proposto pode classificar eventos de chuva estratiforme e convectiva com 99,87% de valor AUC (Area Under Curve) para o modelo (Hanley e McNeil, 1982), indicando uma forte fiabilidade do modelo. Os resultados obtidos a partir do método dos momentos foram comparados com os de outros métodos, que apresentam uma melhor correspondência com os resultados obtidos a partir das medições do disdrómetro.

O presente estudo também mostra que as medições EFM não podem classificar diretamente a chuva estratiforme e a chuva convectiva, mas o campo elétrico atmosférico em termos de gradiente de potencial (PG) antes do início da chuva, exibe uma assinatura definitiva indicando tipos de eventos de chuva iminentes.

A percentagem de durações de chuva estratiforme e convectiva para o período de monção e pré-monção para os anos 2011 e 2014 sobre a localização tropical de Calcutá também foi estimada e analisada. Os resultados mostram a predominância de durações de chuva estratiforme em comparação com a chuva convectiva durante os períodos de pré-monção e monção. No entanto, com exceção dos resultados das medições do Disdrometer para o ano de 2011, a percentagem de ocorrência do fenómeno convectivo é mais elevada durante o período de pré-monção do que durante o período de monção. Isto deve-se ao facto de a localização tropical de Calcutá ser mais propensa a fenómenos convectivos durante a pré-monção. No entanto, os resultados mostram que as percentagens de duração da chuva obtidas através de técnicas múltiplas diferem umas das outras. Isto deve-se ao facto de os princípios de medição das várias técnicas serem diferentes e de os volumes de amostragem também não serem os mesmos. As medições do disdrómetro são efectuadas no solo, enquanto o MRR efectua medições a alturas mais elevadas. O Radiómetro funciona segundo um princípio diferente, uma vez que fornece valores de temperatura de brilho das emissões atmosféricas em diferentes frequências que saturam com taxas de precipitação elevadas. No entanto, todas as técnicas múltiplas funcionaram de forma concertada na classificação dos tipos de chuva na atual localização tropical. Embora estes esquemas de classificação se baseiem em observações de um único local tropical perto da fronteira terra-mar, também devem ser aplicáveis a outros locais tropicais.

Após a classificação e caraterização da chuva, este estudo centrou-se de seguida na estimativa da precipitação.

A intensidade da precipitação foi estimada a partir de dados radiométricos utilizando o método diferencial (Liu et al., 2001). De acordo com o método diferencial, a relação entre as alterações temporais na intensidade da precipitação e a temperatura de brilho foi examinada para diferentes períodos de tempo e para dados radiométricos de canal único e de canal duplo. O coeficiente de determinação (R^2), que é uma medida da bondade do ajuste, para a mudança temporal de 1,5 horas é maior do que para os outros períodos de tempo. Por conseguinte, um período de 1,5 horas é o período de tempo ótimo para as medições da variação temporal necessárias para estimar a intensidade da chuva utilizando o método diferencial. Os dados radiométricos de canal duplo, quando utilizados para o método diferencial durante um período de 1,5 horas, proporcionaram uma melhor correlação do que os dados de canal único. Sugere-se que o período de tempo ideal deve ser encontrado para locais individuais. A mesma análise foi realizada durante os períodos chuvosos ao longo de dois anos em ambos os locais no Brasil e observou-se que, dependendo do coeficiente de regressão obtido, o coeficiente de correlação é revelado como sendo quase o mesmo.

A queda da temperatura de brilho durante uma chuva forte ou após uma paragem súbita da precipitação torna errónea a estimativa da intensidade da precipitação a partir dos dados da temperatura de brilho. Mas uma vez que o método diferencial envolve alterações temporais na temperatura de brilho e, em seguida, na intensidade da precipitação, este método pode ser utilizado para estimar a intensidade da queda de chuva utilizando dados radiométricos, mesmo em condições como chuva intensa ou paragem súbita ou diminuição da queda de chuva.

No presente estudo, foi efectuada uma comparação entre a atenuação específica e a atenuação total estimadas a partir de medições do Disdrometer e de observações radiométricas em dois locais tropicais em dois hemisférios diferentes. A atenuação da chuva foi estimada a partir da medição do DSD de um Disdrómetro, empregando a técnica de dispersão de Mie e a técnica de correspondência de pontos (PMT), enquanto a atenuação total ao longo de um trajeto Terra-espaço foi avaliada a partir de medições radiométricas utilizando a relação de Allnutt. Verificou-se que os DSDs da chuva dependem do clima de chuva local dos dois locais. Em Belém, observa-se uma maior abundância de gotas mais pequenas, enquanto que em Calcutá as gotas maiores são encontradas em maior número. As fortes correntes ascendentes associadas à convecção aumentam a possibilidade de formação de aros, o que, consequentemente, resulta em gotas de chuva maiores durante os eventos de chuva em Calcutá (Chakravarty et al., 2013). Além disso, a presença de aerossóis antropogénicos no local urbano (Talukdar et al., 2015; 2017) também pode desempenhar um papel na produção de gotas de chuva maiores durante os eventos de chuva em Calcutá. Os dados do radiómetro para ambos os locais mostram caraterísticas quase semelhantes, saturando a uma temperatura de brilho de quase 300 K. No entanto, em Calcutá, as medições radiométricas mostram saturação a taxas de chuva acima de 30 mm/h e a saturação em Belém ocorre a cerca de 40 mm/h, indicando o desempenho limitado do radiómetro. Os resultados mostram que, abaixo da taxa de chuva de 30 mm/h, todos os valores de atenuação coincidem bem uns com os outros. As medições do disdrómetro (DSD) permitem uma melhor estimativa da atenuação da chuva a taxas de chuva elevadas, em comparação com o modelo ITU-R (ITU-R, 838-3, 2005). Os resultados também mostram que, embora os DSD nos dois locais sejam até certo ponto diferentes, os valores de atenuação dificilmente mostram muita diferença, exceto a taxas de chuva elevadas. Os valores de atenuação obtidos a partir de medições radiométricas em ambos os locais apresentam diferenças significativas devido ao ambiente de chuva prevalecente. Este estudo será útil para avaliar a atenuação em condições de chuva variáveis utilizando diferentes técnicas e para conceber as ligações por satélite nas bandas de frequência Ka e superiores na região tropical.

O estudo também analisa as propriedades microfísicas da chuva, nomeadamente o tamanho e a velocidade das gotas, sob a influência do vento vertical e para diferentes tipos de chuva. As medições da velocidade terminal de Gunn e Kinzer (Gunn e Kinzer, 1949) não consideram o efeito do vento vertical que altera o processo de desagregação/coalescência das gotas de chuva. Estudos com medições LPM (velocidade e distribuição de tamanho) mostram que gotas mais pequenas com diâmetro inferior a 0,9 mm caem com velocidades superterminais, enquanto gotas com diâmetro superior a 0,9 mm caem com velocidade subterminal, devido ao efeito do vento vertical e à sua influência no processo de desagregação/coalescência das gotas. Os fenómenos de chuva convectiva estão associados a grandes velocidades verticais do vento. No entanto, independentemente do tipo de chuva, as intensidades de chuva comparativamente mais baixas são mais afectadas pelo vento vertical do que as taxas de chuva mais elevadas. As contribuições das gotas de tamanho médio para a densidade numérica derivada das velocidades observadas do LPM e das velocidades terminais do GK não apresentam qualquer diferença em condições reais de chuva durante a chuva estratiforme. É evidente que as medições LPM fornecem um meio útil para compreender a evolução das microestruturas da chuva sob o efeito do vento vertical em diferentes condições de chuva.

8.2. Plano de trabalho futuro

Tendo em conta a importância, os efeitos adversos e a contribuição da chuva tropical para a climatologia global e os aspectos sociais, é necessário adotar uma abordagem integrada para estudar a classificação da chuva, a previsão da chuva e o efeito de propagação induzido pela chuva, utilizando uma combinação de medições terrestres e por satélite para uma melhor previsibilidade e compreensão do processo físico associado aos fenómenos de chuva. Há muito poucos métodos de classificação da chuva disponíveis que se baseiam numa abordagem estatística, pelo que é necessário explorar mais profundamente novas técnicas baseadas na estatística da chuva. As alterações nos dados radiométricos estão diretamente relacionadas com as alterações no teor de água líquida atmosférica e, por conseguinte, os dados radiométricos podem ser eficazes para a previsão da chuva. Os dados MRR fornecem perfis de altura dos parâmetros da chuva que podem ser utilizados para estimar a atenuação da chuva no trajeto terra-espaço e assimilados no desenvolvimento de modelos de canais de propagação para as próximas ligações de comunicação terra-espaço em bandas de ondas milimétricas. Tendo em conta os factos acima referidos, o estudo futuro proposto centrar-se-á nos seguintes aspectos

1. Utilização da modelação de regressão logística para classificar as precipitações com base em todos os parâmetros microfísicos e integrais associados à queda de chuva numa base estatística.
2. Utilização de medições radiométricas (temperatura de brilho) para prever a queda de chuva com base em métodos baseados em redes neurais e abordagens estatísticas como ARIMA.
3. A utilização de medições MRR para estudar a atenuação da chuva ao longo da trajetória vertical aborda os desafios relacionados com a recuperação dos perfis de altura dos parâmetros integrados da chuva em ambientes de precipitação variável.

Referências

Adhikari, A., Das, S., Bhattacharya, A., & Maitra, A. (2011). Melhorar a estimativa da atenuação da chuva: Modelação do comprimento efetivo do caminho utilizando medições em banda Ku numa localização tropical. *Progress in Electromagnetics Research, 34,* 173-186.

Ajayi, G O. (1996). *Manual sobre radiopropagação relacionado com comunicações por satélite em países tropicais e subtropicais*. Centro Internacional de Física Teórica.

Ajayi, G Olalere, & Olsen, R. L. (1985). Modelação da distribuição do tamanho de uma gota de chuva tropical para aplicações de micro-ondas e ondas milimétricas. *Radio Science*, *20*(02), 193-202.

Allnutt, J. E. (1976). Atenuação do percurso oblíquo e resultados da diversidade espacial utilizando radiómetros de 11,6 GHz. Em *Proceedings of the Institution of Electrical Engineers* (Vol. 123, pp. 1197-1200). IET.

Anagnostou, E. N. (2004). Um algoritmo de classificação de precipitação convectiva/estratiforme para observações de radar meteorológico de varrimento de volume. *Meteorological Applications*, *11*(4), 291-300.

Anagnostou, E. N., Krajewski, W. F., Seo, D.-J., & Johnson, E. R. (1998). Estudos de polarização da precipitação em campo médio para o WSR-88D. *Journal of Hydrologic Engineering*, *3*(3), 149-159.

Askne, J. I. H., & Westwater, E. R. (1986). A review of ground-based remote sensing of temperature and moisture by passive microwave radiometers. *IEEE Transactions on Geoscience and Remote Sensing*, (3), 340-352.

Atlas, D., Ulbrich, C. W., Marks, F. D., Black, R. A., Amitai, E., Willis, P. T., & Samsury, C. E. (2000). Partição de chuvas tropicais oceânicas convectivas e estratiformes por força de corrente de ar. *Journal of Geophysical Research: Atmospheres*, *105*(D2), 2259-2267.

Atlas, D., Ulbrich, C. W., Marks Jr, F. D., Amitai, E., & Williams, C. R. (1999). Systematic variation of drop size and radar-rainfall relations (Variação sistemática do tamanho das gotas e das relações radar-chuva). *Journal of Geophysical Research: Atmospheres, 104*(D6), 6155-6169.

Austin, P. M., & Bemis, A. C. (1950). A quantitative study of the "bright band" in radar precipitation echoes. *Journal of Meteorology*, *7*(2), 145-151.

Austin, P. M., & Houze Jr, R. A. (1972). Análise da estrutura dos padrões de precipitação na Nova Inglaterra. *Journal of Applied Meteorology, 11*(6), 926-935.

Awaka, J., Iguchi, T., Kumagai, H., & Okamoto, K. (1997). Algoritmo de classificação do tipo de chuva para o radar de precipitação TRMM. Em *IGARSS'97. 1997 IEEE International Geoscience and Remote Sensing Symposium Proceedings. Remote Sensing-A Scientific Vision for Sustainable Development* (Vol. 4, pp. 1633-1635). IEEE.

Bachalo, W. D. (1980). Método para medir o tamanho e a velocidade de esferas por interferometria de dispersão de luz de feixe duplo. *Applied Optics*, *19*(3), 363-370.

Barrett, E. C., & Bellerby, T. J. (1992). A aplicação de técnicas de estimativa da precipitação por infravermelhos e micro-ondas passivas no Japão: Results from the First GPCP Algorithm Intercomparison Project. *Meteorological Magazine*, *121*(1435), 34-46.

Barthazy, E., Henrich, W., & Waldvogel, A. (1998). Distribuição do tamanho dos hidrometeoros através da camada de fusão. *Atmospheric Research*, *47*, 193-208.

Bartholomew, M. J. (2016). *Manual do Instrumento de Disdrómetros de Impacto*. Programa de Medição da Radiação Atmosférica (ARM) do Gabinete de Ciência do DOE ....

Beard, K. V, & Chuang, C. (1987). Um novo modelo para a forma de equilíbrio das gotas de chuva. *Journal of the Atmospheric Sciences*, *44*(11), 1509-1524.

Bell, G. D., & Janowiak, J. E. (1995). Circulação atmosférica associada às cheias do Midwest de 1993. *Boletim da Sociedade Americana de Meteorologia*, *76*(5), 681-696.

Biggerstaff, M. I., & Listemaa, S. A. (2000). Um esquema melhorado para a classificação de ecos convectivos/estratiformes utilizando a refletividade do radar. *Journal of Applied Meteorology*, *39*(12), 2129-2150.

Bloemink, H. (2013). Medições de eletricidade estática para avisos de relâmpagos - uma exploração. *INFRAR&D KNMI.*

Borrmann, S., & Jaenicke, R. (1993). Aplicação da microholografia para medições in situ em camadas de nuvens stratus: um estudo de caso. *Journal of Atmospheric and Oceanic Tecnologia, 10*(3), 277-293.

8.3. sio, A. V., & Mallet, C. (1998). Influência da temperatura da nuvem na temperatura de brilho e consequências para a recuperação de água. *Radio Science, 33*(4), 929-939.

Brawn, D., & Upton, G. (2008). Estimativa de uma distribuição de tamanho de gota gama atmosférica usando dados de disdrómetro. *Atmospheric Research, 87*(1), 66-79.

Bringi, V. N., Chandrasekar, V., Hubbert, J., Gorgucci, E., Randeu, W. L., & Schoenhuber, M. (2003). Distribuição do tamanho das gotas de chuva em diferentes regimes climáticos a partir da análise do disdrómetro e do radar de dupla polarização. *Journal of the Atmospheric Sciences, 60*(2), 354-365.

Bringi, V. N., Chandrasekar, V., Zrnic, D., & Ulbrich, C. W. (2003). Comments on "The need to represent raindrop size spectra as normalized gamma distributions for the interpretation of polarization radar observations." *Journal of Applied Meteorology, 42*(8), 1184-1189.

Bukovcic, P., Zrnic, D., & Zhang, G. (2015). Separação convectivo-estratiforme usando observações de disdrômetro de vídeo no centro de Oklahoma - a abordagem bayesiana. *Atmospheric Research, 155*, 176-191.

Campos, E., & Zawadzki, I. (2000). Incertezas instrumentais nas relações Z-R. *Journal of Applied Meteorology, 39*(7), 1088-1102.

Caracciolo, C., Prodi, F., Battaglia, A., & Porcu, F. (2006). Análise dos momentos e parâmetros de um DSD gama para inferir propriedades de precipitação: Um algoritmo de discriminação estratiforme convectiva. *Atmospheric Research, 80*(2-3), 165-186.

Caracciolo, C., Prodi, F., & Uijlenhoet, R. (2006). Comparação entre o Pludix e os disdrómetros de impacto/ópticos durante as campanhas de medição da precipitação. *Atmospheric Research, 82*(1-2), 137-163.

Chakraborty, R., & Maitra, A. (2016). Recuperação de propriedades atmosféricas com medições radiométricas usando rede neural. *Atmospheric Research, 181*, 124-132.

Chakravarty, K., & Maitra, A. (2010). Estudos de atenuação da chuva ao longo de um trajeto terra-espaço num
localização tropical. *Journal of Atmospheric and Solar-TerrestrialPhysics, 72*(1), 135-138.

Chakravarty, K., Raj, P. E., Bhattacharya, A., & Maitra, A. (2013). Caraterísticas microfísicas das nuvens e precipitação durante o período pré-monção e monção sobre uma estação tropical indiana. *Jornal de Física Atmosférica e Solar-Terrestre, 94*, 28-33.

Clima, T. (2007). Monitor de precipitação a laser. *Thies Clima Tech. Manual, 5.*

Constantinescu, G. S., Krajewski, W. F., Ozdemir, C. E., & Tokyay, T. (2007). Simulação do fluxo de ar em torno de pluviómetros: Comparação dos modelos LES e RANS. *Advances in Water Resources, 30*(1), 43-58.

Crane, R. (1975). Atenuação devido à chuva - Uma mini-revisão. *IEEE Transactions on Antennas and Propagation, 23*(5), 750-752.

Crane, R K. (1971). Fenómenos de propagação que afectam os sistemas de comunicação por satélite que operam nas bandas de comprimento de onda centimétrica e milimétrica. *Actas do IEEE, 59*(2), 173-188.

Crane, Robert. (1980). Previsão de atenuação por chuva. *IEEE Transactions on Communications, 28*(9), 1717-1733.

Crane, Robert K. (1977). Previsão dos efeitos da chuva nos sistemas de comunicação por satélite. *Proceedings of the IEEE, 65*(3), 456-474.

Crane, Robert K. (1985). Avaliação comparativa de vários modelos de previsão de atenuação de chuva. *Radio Science, 20*(4), 843-863.

Das, N. G. (1990). Métodos Estatísticos, Parte I e II. *Calcutá: Das.*

Das, S., Maitra, A., & Shukla, A. K. (2010). Modelagem de atenuação de chuva na frequência de 10-100 GHz usando distribuições de tamanho de gota para diferentes zonas climáticas na Índia tropical. *Progress in Electromagnetics Research*, *25*, 211-224.

Das, S., Maitra, A., & Shukla, A. K. (2011). Caraterísticas da camada de fusão em diferentes condições climáticas na região indiana: Ground based measurements and satellite observations. *Atmospheric Research*, *101*(1-2), 78-83.

Das, S., Shukla, A. K., & Maitra, A. (2010). Investigação do perfil vertical da microestrutura da chuva em Ahmedabad, na região tropical indiana. *Avanços na Investigação Espacial*, *45*(10), 1235-1243.

de Moraes Frasson, R. P., da Cunha, L. K., & Krajewski, W. F. (2011). Avaliação do desempenho do disdrómetro ótico de Thies. *Atmospheric Research*, *101*(1-2), 237-255.

Diem, M. (1956). *Messungen der Größe der Regentropfen in natürlichen Regen und bei künstlicher Beregnung*.

Distromet, L. T. D. (2001). Disdrometer RD-80: Manual de Instruções. *Distromet LTD, Basileia, Suíça*.

Domnick, J., Tropea, C., & Wagner, R. (1993). Um anemómetro de fase-Doppler de fibra ótica semicondutora miniaturizado (DFPDA) com aplicações a pulverizações de líquidos. *Measurement Science and Technology*, *4*(3), 411.

Donnadieu, G. (1980). Comparação dos resultados obtidos com o espectropluviómetro VIDIAZ e o disdrómetro de precipitação Joss-Waldvogel numa "chuva de tipo trovoada". *Journal of Applied Meteorology*, *19*(5), 593-597.

Elachi, C., & Van Zyl, J. J. (2006). *Introduction to the physics and techniques of remote sensing* (Vol. 28). John Wiley & Sons.

Feltz, W., Smith, W. L., Knuteson, R. O., & Howell, B. (1996). Atmospheric Emitted Radiance Interferometer temperature and water vapor retrievals: Melhorias utilizando uma abordagem de recuperação de perfil integrado. In *Proc. Sixth ARM Science Team Meeting* (pp. 81-83).

FERRARO, R., GRODY, N., ALISHOUSE, J., & MARKS, G. (1992). A calibração de um índice de dispersão SSM/I para a recuperação da taxa de chuva usando dados de radar RADAP-II e AMeDAS. Na *Conferência sobre Meteorologia e Oceanografia por Satélite, 6ª, Atlanta, GA* (pp. 290-295).

Ferro, M. A. D. S., Yamasaki, J., Pimentel, D. R. M., Naccarato, K. P., & Saba, M. M. F. (2011). Avisos de risco de raios baseados em medições de campo elétrico atmosférico no Brasil. *Revista de Tecnologia e Gestão Aeroespacial, 3(3),* 301-310.

Frank, G., Härtl, T., & Tschiersch, J. (1994). The pluviospectrometer: classification of falling hydrometeors via digital image processing. *Atmospheric Research*, *34*(1-4), 367-378.

Gamache, J. F., & Houze Jr, R. A. (1982). Movimentos de ar de mesoescala associados a uma linha de tempestade tropical. *Monthly Weather Review*, *110*(2), 118-135.

Gao, B.-C., Goetz, A. F. H., Westwater, E. R., Stankov, B. B., & Birkenheuer, D. (1992). Comparison of column water vapor measurements using downward-looking near-infrared and infrared imaging systems and upward-looking microwave radiometers. *Journal of Applied Meteorology*, *31*(10), 1193-1201.

García, P., García, J. M., Riera, J. M., & Benarroch, A. (2007). Experiência de propagação em banda Ka em Madrid.

Green, H. E. (2004). Deficiências de propagação em ligações SATCOM de banda Ka em regiões tropicais e equatoriais. *Revista IEEE Antennas and Propagation*, *46*(2), 31-45.

Grody, N. C. (1991). Classification of snow cover and precipitation using the Special Sensor Microwave Imager. *Jornal de Investigação Geofísica: Atmospheres*, *96*(D4), 7423-7435.

Grossklaus, M., Uhlig, K., & Hasse, L. (1998). Um disdrómetro ótico para utilização em ventos de alta velocidade. *Journal of Atmospheric and Oceanic Technology*, *15*(4), 1051-1059.

Guiraud, F. O., Howard, J., & Hogg, D. C. (1979). A dual-channel microwave radiometer for measurement of precipitable water vapor and liquid. *IEEE Transactions on Geoscience Electronics*, *17*(4), 129-136.

Gunn, R., & Kinzer, G. D. (1949). The terminal velocity of fall for water droplets in stagnant air. *Journal of Meteorology*, *6*(4), 243-248.

Guyot, A., Pudashine, J., Protat, A., Uijlenhoet, R., Pauwels, V., Seed, A., & Walker, J. P. (2019). Efeito do tipo de disdrómetro na caraterização da distribuição do tamanho das gotas de chuva: um novo conjunto de dados para o sudeste da Austrália. *Hidrologia e Ciências do Sistema Terrestre*, *23*(11).

Habib, E., & Krajewski, W. F. (2001). Um exemplo de abordagem computacional utilizada para o projeto aerodinâmico de um disdrómetro de chuva. *Journal of Hydraulic Research*, *39*(4), 425-428.

Halder, T., Adhikari, A., & Maitra, A. (2018). Estudos de atenuação de chuva a partir de medições radiométricas e de chuva DSD em dois locais tropicais. *Jornal de Física Atmosférica e Solar-Terrestre*, *170*, 11-20.

Halder, T., & Karmakar, P. K. (2014). Medição radiométrica de dupla frequência de mudanças na intensidade da precipitação. *Revista Internacional de Sensoriamento Remoto*, *35*(13), 4973-4983.

Han, J., Kamber, M., & Pei, J. (2011). Data mining concepts and techniques third edition. *The Morgan Kaufmann Series in Data Management Systems*, 83-124.

Han, Y., & Westwater, E. R. (1995). Remote sensing of tropospheric water vapor and cloud liquid water by integrated ground-based sensors. *Journal of Atmospheric and Oceanic Technology*, *12*(5), 1050-1059.

Hand, D. J. (2009). Measuring classifier performance: a coherent alternative to the area under the' ROC curve (Medir o desempenho do classificador: uma alternativa coerente à área sob a curva ROC). *Machine Learning*, *77*(1), 103-123.

Hanley, J. A., & McNeil, B. J. (1982). The meaning and use of the area under a receiver operating characteristic (ROC) curve. *Radiology*, *143*(1), 29-36.

Hauser, D., Amayenc, P., Nutten, B., & Waldteufel, P. (1984). Um novo instrumento ótico para a medição simultânea do diâmetro da gota de chuva e da distribuição da velocidade de queda. *Journal of Atmospheric and Oceanic Technology*, *1*(3), 256-269.

Hendrantoro, G., Bultitude, R. J. C., & Falconer, D. D. (2002). Utilização da diversidade de sítios de células em sistemas celulares fixos de ondas milimétricas para combater os efeitos da atenuação da chuva. *IEEE Journal on Selected Areas in Communications*, *20*(3), 602-614.

Hosmer Jr, D. W., Lemeshow, S., & Sturdivant, R. X. (2013). *Regressão logística aplicada* (Vol. 398). John Wiley & Sons.

Houze Jr, R A. (1993). Cloud Dynamics. Academic Press, Califórnia.

Houze Jr, Robert A. (1973). A climatological study of vertical transports by cumulus-scale convection. *Journal of the Atmospheric Sciences, **30(6)***, 1112-1123.

Houze Jr, Robert A. (1997). Precipitação estratiforme em regiões de convecção: Um paradoxo meteorológico? *Boletim da Sociedade Americana de Meteorologia*, *78*(10), 2179-2196.

Houze Jr, Robert A. (2014). Nimbostratus e a separação da precipitação convectiva e estratiforme. Em *Geofísica Internacional* (Vol. 104, pp. 141-163). Elsevier.

Houze Jr, Robert A, & Churchill, D. D. (1984). Microphysical structure of winter monsoon cloud clusters. *Journal of the Atmospheric Sciences*, *41*(23), 3405-3411.

ITU-R. (2013). Recomendação ITU-R P. 839-4: modelo de altura de chuva para métodos de previsão.

Jameson, A. R., Larsen, M. L., & Kostinski, A. B. (2015). Observações da rede do disdrómetro de estruturas espaciais/temporais de escala fina na chuva. *J. Atmos. Sci.*

Jana, S., & Maitra, A. (2019). Variação do campo elétrico em condições claras e convectivas em um local urbano tropical. *Jornal de Pesquisa Geofísica: Atmospheres*, *124*(4), 2068-2078.

Jassal, B. S., Gupta, G. D., Verma, A. K., Singh, M. P., & Singh, L. (1994). Medições de propagação radiométrica de 20/30 GHz na Índia. In *Proceedings of IEEE Antennas and Propagation Society International Symposium and URSI National Radio Science Meeting* (Vol. 2, pp. 1340-1343). IEEE.

Joss, J. (1968). A variação da distribuição do tamanho das gotas de chuva em Locarno. Em *Proc. Int. Conf. Cloud Physics, 1968* (pp. 369-373).

Joss, Jürg, & Waldvogel, A. (1967). Ein spektrograph für niederschlagstropfen mit automatischer auswertung. *Pure and Applied Geophysics*, *68*(1), 240-246.

Karmakar, P. K., Maiti, M., Bhattacharyya, K., Angelis, C. F., & Machado, L. A. T. (2011). Estudos de atenuação da chuva na banda de micro-ondas sobre a latitude sul. *The Pacific Journal of Science and Technology*, *12*(2), 196-205.

Kirankumar, N. V. P., Rao, T. N., Radhakrishna, B., & Rao, D. N. (2008). Caraterísticas estatísticas da distribuição do tamanho das gotas de chuva na estação das monções do sudoeste. *Journal of Applied Meteorology and Climatology*, *47*(2), 576-590.

Knollenberg, R G. (1981). Técnicas para sondar a microestrutura de nuvens. *Cfop,* 15-89.

Knollenberg, Robert G. (1970). A matriz ótica: An alternative to scattering or extinction for airborne particle size determination. *Journal of Applied Meteorology*, *9*(1), 86-103.

Kumar, L. S., Lee, Y. H., Yeo, J. X., & Ong, J. T. (2011). CLASSIFICAÇÃO DE CHUVA TROPICAL E ESTIMATIVA DE CHUVA A PARTIR DE RELAÇÕES ZR (REFLECTIVIDADE-TAXA DE CHUVA). *Progress in Electromagnetics Research B*, *32*.

Kummerow, C., Barnes, W., Kozu, T., Shiue, J., & Simpson, J. (1998). O pacote de sensores da missão de medição da precipitação tropical (TRMM). *Journal of Atmospheric and Oceanic Technology*, *15*(3), 809-817.

Kummerow, C., Simpson, J., Thiele, O., Barnes, W., Chang, A. T. C., Stocker, E., ... Wentz, F. (2000). The status of the Tropical Rainfall Measuring Mission (TRMM) after two years in orbit. *Jornal de Meteorologia Aplicada*, *39*(12), 1965-1982.

Lanzinger, E., Theel, M., & Windolph, H. (2006). Quantidade e intensidade da precipitação medida pelo monitor de precipitação a laser de Thies. *TECO-2006, Genebra, Suiça*, 4-6.

Larsen, M. L., Kostinski, A. B., & Jameson, A. R. (2014). Mais evidências de gotas de chuva superterminais. *Geophysical Research Letters*, *41*(19), 6914-6918.

Laws, J. O., & Parsons, D. A. (1943). The relation of raindrop-size to intensity (A relação entre o tamanho da gota de chuva e a intensidade). *Eos, Transactions American Geophysical Union*, *24*(2), 452-460.

Lawson, R. P., & Cormack, R. H. (1995). Conceção teórica e testes preliminares de dois novos espectrómetros de partículas para investigação em microfísica de nuvens. *Atmospheric Research*, *35*(2-4), 315-348.

Lee, G. W., & Zawadzki, I. (2005). Variabilidade das distribuições do tamanho das gotas: Ruído e filtragem de ruído em dados disdrométricos. *Journal of Applied Meteorology*, *44*(5), 634-652.

Lee, Y. H., Yeo, J. X., & Ong, J. T. (2009). Atenuação da chuva na ligação satélite-terra para baliza. No *27.º Simpósio Internacional de Tecnologia e Ciência Espaciais (ISTS 2009)*.

Li, L.-W., Yeo, T.-S., Kooi, P.-S., & Leong, M.-S. (1994). Comentário sobre o modelo de distribuição do tamanho da gota de chuva. *IEEE Transactions on Antennas and Propagation*, *42*(9), 1360.

Liu, G.-R., Liu, C.-C., & Kuo, T.-H. (2001). Estimativa da intensidade da precipitação através de radiómetros de micro-ondas de dupla frequência baseados no solo. *Journal of Applied Meteorology*, *40*(6), 1035-1041.

Liu, G., & Curry, J. A. (1992). Retrieval of precipitation from satellite microwave measurement using both emission and scattering. *Journal of Geophysical Research: Atmospheres*, *97*(D9), 9959-9974.

Löffler-Mang, M. (1998). Um dispositivo laser-ótico para medir a distribuição do tamanho das gotas de nuvens e chuviscos. *Meteorologische Zeitschrift*, 53-62.

Löffler-Mang, Martin, & Joss, J. (2000). Um disdrómetro ótico para medir o tamanho e a velocidade dos hidrometeoros. *Journal of Atmospheric and Oceanic Technology*, *17*(2), 130-139.

Löffler-Mang, Martin, Kunz, M., & Schmid, W. (1999). Sobre o desempenho de um radar Doppler de banda K de baixo custo para medições quantitativas de chuva. *Journal of Atmospheric and Oceanic Technology*, *16*(3), 379-387.

Machado, L. A. T., Silva Dias, M. A. F., Morales, C., Fisch, G., Vila, D., Albrecht, R., ... Kummerow, C. (2014). O projeto CHUVA: Como a convecção varia no Brasil? *Boletim da Sociedade Americana de Meteorologia*, *95*(9), 1365-1380.

Maitra, A., & Adhikari, A. (2014). Estudos sobre algumas caraterísticas da despolarização induzida pela chuva do sinal de banda Ku ao longo de um caminho terra-espaço numa localização tropical. *Journal of Atmospheric and Solar-Terrestrial Physics*, *121*, 83-88.

Maitra, A., & Chakravarty, K. (2005). Observações da atenuação da chuva em banda Ku numa trajetória no espaço terrestre na região da Índia. *28ª URSI-GA*, 23-29.

Maitra, A., Chakravarty, K., Bhattacharya, S., & Bagchi, S. (2007). Estudos de propagação em Banda Ku sobre uma trajetória terra-espaço em Calcutá.

Maitra, A., Rakshit, G., Jana, S., & Chakraborty, R. (2019). Efeito da dinâmica da camada limite nos perfis de distribuição do tamanho da gota de chuva durante a chuva convectiva. *Cartas de Geociência e Sensoriamento Remoto do IEEE*.

Maki, M., Keenan, T. D., Sasaki, Y., & Nakamura, K. (2001). Caraterísticas da distribuição do tamanho da gota de chuva em linhas de tempestade tropical continental observadas em Darwin, Austrália. *Journal of Applied Meteorology, 40*(8), 1393-1412.

Malinga, S. J., & Owolawi, P. A. (2013). Obtenção de modelo de tamanho de gota de chuva usando o método do momento e suas aplicações para sistemas de rádio da África do Sul. *Progresso na Investigação Electromagnética B*, *46*, 119-139.

Mandeep, J. S. (2009). Comparação da atenuação da chuva em trajetória oblíqua de modelos de previsão para aplicações por satélite na Malásia. *Jornal de Investigação Geofísica: Atmospheres*, *114*(D17).

Mandeep, J. S., & Hassan, S. I. S. (2006). Previsões da atenuação da chuva de trajetória oblíqua em regiões tropicais. *Journal of Atmospheric and Solar-Terrestrial Physics*, *68*(8), 865-868.

Martner, B. E. (2005). Distribuições de tamanho de gota de chuva e relações ZR na precipitação costeira para períodos com e sem uma banda brilhante de radar. Na *11ª Conferência sobre Processos de Mesoescala*.

Martner, B. E., Yuter, S. E., White, A. B., Matrosov, S. Y., Kingsmill, D. E., & Ralph, F. M. (2008). Distribuições de tamanho de gota de chuva e caraterísticas de chuva na precipitação costeira da Califórnia para períodos com e sem uma banda brilhante de radar. *Journal of Hydrometeorology*, *9*(3), 408-425.

Martorano, L. G., Vitorino, M. I., da Silva, B. P. P. C., Lisboa, L. S., Sotta, E. D., & Reichardt, K. (2017). Condições climáticas na amazônia oriental: Variabilidade da precipitação em Belém e indicativos de déficit hídrico no solo. *African Journal of Agricultural Research*, *12*(21), 1801-1810.

Medhurst, R. (1965). Atenuação de ondas centimétricas pela precipitação: Comparação de teoria e medição. *IEEE Transactions on Antennas and Propagation*, *13*(4), 550-564.

Mello, L. A. R. D. S., Pontes, M. S., De Souza, R. M., & Garcia, N. A. P. (2007). Previsão da atenuação da chuva em enlaces terrestres usando a distribuição completa da taxa de precipitação. *Electronics Letters*, *43*(25), 1442-1443.

Meneghini, R., Iguchi, T., Kozu, T., Liao, L., Okamoto, K., Jones, J. A., & Kwiatkowski, J. (2000). Utilização da técnica de referência de superfície para estimativas de atenuação de trajetória a partir do radar de precipitação TRMM. *Journal of Applied Meteorology*, *39*(12), 2053-2070.

Mie, G. (1908). Beiträge zur Optik trüber Medien, speziell kolloidaler Metallösungen. *Annalen Der Physik*, *330*(3), 377-445.

Mitra, A., Karnakar, P. K., & Sen, A. K. (2000). Uma nova consideração para avaliar a temperatura atmosférica média. *Indian Journal of Physics*, *74*, 379-382.

Montero-Martinez, G., Kostinski, A. B., Shaw, R. A., & García-García, F. (2009). Será que todas as gotas de chuva caem à velocidade terminal? *Geophysical Research Letters*, *36*(11).

Montopoli, M., Marzano, F. S., & Vulpiani, G. (2008). Análise e síntese de séries temporais de distribuição de tamanho de gotas de chuva a partir de dados de disdrómetro. *IEEE Transactions on Geoscience and Remote Sensing*, *46*(2), 466-478.

Morrison, J. A., & Cross, M. (1974). Scattering of a plane electromagnetic wave by axisymmetric

raindrops. *Bell System Technical Journal*, *53*(6), 955-1019.
Moupfouma, Fidèle. (1987). Modelo de previsão da atenuação induzida pela chuva para ligações de micro-ondas terrestres e satélite-terra. Em *Annales des télécommunications* (Vol. 42, pp. 539-550). Springer.
Moupfouma, Fidele, Martin, L., Spanjaard, N., & Hughes, K. (1990). Caraterísticas da taxa de precipitação para sistemas de micro-ondas em zonas tropicais e equatoriais. *International Journal of Satellite Communications*, *8*(3), 151-161.
Negri, A. J., Adler, R. F., Nelkin, E. J., & Huffman, G. J. (1994). Regional rainfall climatologies derived from Special Sensor Microwave Imager (SSM/I) data. *Boletim da Sociedade Americana de Meteorologia*, *75*(7), 1165-1182.
Nespor, V., Krajewski, W. F., & Kruger, A. (2000). Erro induzido pelo vento na medição da distribuição do tamanho das gotas de chuva utilizando um vídeo-drómetro bidimensional. *Journal of Atmospheric and Oceanic Technology*, *17*(11), 1483-1492.
Nirala, M. L., & Cracknell, A. P. (2002). A determinação da distribuição tridimensional da chuva a partir do Radar de Precipitação da Tropical Rainfall Measuring Mission (TRMM). *International Journal of Remote Sensing*, *23*(20), 4263-4304.
Niu, S., Jia, X., Sang, J., Liu, X., Lu, C., & Liu, Y. (2010). Distribuições de tamanhos de gotas de chuva e velocidades de queda num clima de planalto semiárido: Chuvas convectivas versus chuvas estratiformes. *Journal of Applied Meteorology and Climatology*, *49*(4), 632-645.
Oguchi, T. (1973). Propriedades de dispersão de gotas de chuva oblatas e polarização cruzada de ondas de rádio devido à chuva - Cálculos a 19. 3 e 34. 8 GHz. *Radio Research Laboratories, Journal*, *20*(102), 79-118.
Oguchi, T, & Hosoya, Y. (1974). Propriedades de dispersão de gotas de chuva oblatas e polarização cruzada de ondas de rádio devido à chuva. II-Cálculos nas regiões de micro-ondas e ondas milimétricas. *Radio Research Laboratory, Journal*, *21*, 191-259.
Oguchi, Tomohiro. (1981). Dispersão de hidrometeoros: A survey. *Radio Science*, *16*(5), 691-730.
Oguchi, Tomohiro. (1983). Propagação e dispersão de ondas electromagnéticas na chuva e outros hidrometeoros. *Proceedings of the IEEE*, *71*(9), 1029-1078.
Olsen, R., Rogers, D. V, & Hodge, D. (1978). A relação aR b no cálculo da atenuação da chuva. *IEEE Transactions on Antennas and Propagation*, *26*(2), 318-329.
Omotosho, T. V, & Oluwafemi, C. O. (2009). Impairment of radio wave signal by rainfall on fixed satellite service on earth-space path at 37 stations in Nigeria. *Jornal de Física Atmosférica e Solar-Terrestre*, *71*(8-9), 830-840.
Pinsky, M. B., & Khain, A. P. (1996). Simulações da queda de gotas num fluxo turbulento isotrópico homogéneo. *Atmospheric Research*, *40*(2-4), 223-259.
Press, S. J., & Wilson, S. (1978). Choosing between logistic regression and discriminant analysis. *Journal of the American Statistical Association*, *73*(364), 699-705.
Pruppacher, H. R., & Beard, K. V. (1970). A wind tunnel investigation of the internal circulation and shape of water drops falling at terminal velocity in air. *Quarterly Journal of the Royal Meteorological Society*, *96*(408), 247-256.
Raasch, J., & Umhauer, H. (1984). Erros na determinação de distribuições de tamanho de partículas causados por coincidências em contadores ópticos de partículas. *Particle & Particle Systems Characterization*, *1*(1-4), 53-58.
Raina, M. K. (1996). Medições de emissão atmosférica de atenuação por radiómetro de micro-ondas a 19,4 GHz. *IEEE Transactions on Antennas and Propagation*, *44*(2), 188-191.
Raina, M., & Uppal, G. (1984). Dependência de frequência das medições de atenuação de chuva em frequências de micro-ondas. *IEEE Transactions on Antennas and Propagation*, *32*(2), 185-187.
Rao, S., Rao, T. R., Reddy, I. V, Prasad, M., Reddy, V. G., & Reddy, B. M. (2002). Estudos de atenuação de chuva a 11,7 GHz no sul da Índia.
Recomendação, I. (2005). 838-3. Modelo de atenuação específico para chuva para utilização em

métodos de previsão. *ITU-R Recommendations, P Series Fasicle, ITU, Genebra, Suiça.*
Renju, R., Raju, C. S., Mathew, N., Kirankumar, N. V. P., & Moorthy, K. K. (2016). Caracterização de nuvens convectivas tropicais usando observações radiométricas de micro-ondas baseadas em terra. *IEEE Transactions on Geoscience and Remote Sensing*, *54*(7), 3774-3779.
Rogers, R. R., Baumgardner, D., Ethier, S. A., Carter, D. A., & Ecklund, W. L. (1993). Comparação das distribuições de tamanho de gotas de chuva medidas por perfilador de vento de radar e por avião. *Journal of Applied Meteorology*, *32*(4), 694-699.
Rose, T., & Czekala, H. (2009). Manual de Operação do Radiómetro RPG-HATPRO. *Radiometer Physics GmbH, Versão*, *7*.
Ryde, J. W. (1946). The attenuation and radar echoes produced at centimeter wavelengths by various meteorological phenomena. *Meteorological Factors in Radio Wave Propagation, Londres*, 169-189.
Sarkar, T., Das, S., & Maitra, A. (2015). Avaliação de diferentes técnicas de medição do tamanho da gota de chuva: Inter-comparação de radar Doppler, impacto e disdrómetro ótico. *Atmospheric Research*, *160*, 15-27.
Schönhuber, M., Urban, H., Batista, J. P. V. P., Randeu, W. L., & Riedler, W. (1994). Medições das caraterísticas da precipitação por um novo distrómetro. In *Proceedings of Atmospheric Physics and Dynamics in the Analysis and Prognosis of Precipitation Fields* (pp. 1518).
Schumacher, C., & Houze Jr, R. A. (2003). Stratiform rain in the tropics as seen by the TRMM precipitation radar. *Journal of Climate*, *16*(11), 1739-1756.
Setor, I. T. U. R. (2001). Modelo de altura de chuva para métodos de previsão. *Recomendação ITU-R P. 839*, *3*.
Sen, A. K., Karmakar, P. K., Das, T. K., Devgupta, A. K., Chakraborty, P. K., & Devbarman, S. (1989). Significant heights for water vapour content in the atmosphere (alturas significativas para o teor de vapor de água na atmosfera). *International Journal of Remote Sensing*, *10*(6), 1119-1124.
Sharma, P., Hudiara, I. S., & Singh, M. L. (2006). Estatísticas da altura efectiva da chuva utilizando o radiómetro de observação zenital a 29 GHZ em Amritsar (ÍNDIA). In *2006 First European Conference on Antennas and Propagation* (pp. 1-3). IEEE.
Sharma, P., Hudiara, I. S., & Singh, M. L. (2007). Estimativa da altura efectiva da chuva a 29 GHz em Amritsar (região tropical). *IEEE Transactions on Antennas and Propagation*, *55*(5), 14631465.
Sheppard, B. E. (1990). Medição da distribuição do tamanho das gotas de chuva utilizando um pequeno radar Doppler. *Journal of Atmospheric and Oceanic Technology*, *7*(2), 255-268.
Siles, G. A., Riera, J. M., & García-del-Pino, P. (2011). Sobre a utilização de medições radiométricas para estimar a atenuação atmosférica a 100 e 300 GHz. *Journal of Infrared, Millimeter, and Terahertz Waves*, *32*(4), 528-540.
Smith, E. K. (1982). Atenuação de ondas centimétricas e milimétricas e temperatura de brilho devido ao oxigénio atmosférico e ao vapor de água. *Radio Science*, *17*(06), 1455-1464.
Snider, J. B., Hazen, D. A., Francavilla, A. J., Madsen, W. B., & Jacobson, M. D. (1995). *Ground-based radiometric observations of atmospheric water for climate research (Observações radiométricas terrestres da água atmosférica para investigação climática)*. USDOE Office of Energy Research, Washington, DC (Estados Unidos ....
Solheim, F., Godwin, J. R., Westwater, E. R., Han, Y., Keihm, S. J., Marsh, K., & Ware, R. (1998). Perfil radiométrico da temperatura, vapor de água e água líquida das nuvens usando vários métodos de inversão. *Radio Science*, *33*(2), 393-404.
Spänkuch, D., Döhler, W., Güldner, J., & Keens, A. (1996). Sondagem remota atmosférica passiva com base em terra por espetroscopia de emissão FTIR - Primeiros resultados com o EISAR. *Contribuições para a Física Atmosférica/Beitraege Zur Physik Der Atmosphaere*, *61*(9), 97-111.
Spencer, R. W., Goodman, H. M., & Hood, R. E. (1989). Precipitation retrieval over land and ocean with the SSM/I: Identification and characteristics of the scattering signal. *Journal of Atmospheric and Oceanic Technology*, *6*(2), 254-273.
Stankov, B. B., Martner, B. E., & Politovich, M. K. (1995). Perfil de humidade da atmosfera nublada

de inverno utilizando sensores remotos combinados. *Journal of Atmospheric and Oceanic Technology*, *12*(3), 488-510.

Steiner, M., Houze Jr, R. A., & Yuter, S. E. (1995). Caracterização climatológica da estrutura tridimensional de tempestades a partir de dados operacionais de radar e pluviómetros. *Journal of Applied Meteorology*, *34*(9), 1978-2007.

Stewart, R. E., Marwitz, J. D., Pace, J. C., & Carbone, R. E. (1984). Caraterísticas através da camada de fusão de nuvens estratiformes. *Journal of the Atmospheric Sciences*, *41*(22), 3227-3237.

Stutzman, W. L., & Dishman, W. K. (1982). Um modelo simples para a estimativa da atenuação induzida pela chuva ao longo de trajectórias terra-espaço em comprimentos de onda milimétricos. *Radio Science*, *17*(06), 1465-1476.

Suryana, J., Utoro, S., Tanaka, K., Igarashi, K., & Jida, M. (2005). Estudo dos modelos de previsão comparados com os resultados das medições da taxa de precipitação e da atenuação da chuva em banda Ku nas cidades tropicais da Indonésia. In *2005 5th International Conference on Information Communications & Signal Processing* (pp. 1580-1584). IEEE.

Talukdar, S., Jana, S., & Maitra, A. (2017). Dominância de aerossóis poluentes sobre uma região urbana e seu impacto no perfil de temperatura da camada limite. *Journal of Geophysical Research: Atmospheres*, *122*(2), 1001-1014.

Talukdar, S., Jana, S., Maitra, A., & Gogoi, M. M. (2015). Caraterísticas da concentração de carbono negro em uma cidade metropolitana localizada perto da fronteira terra-oceano no leste da Índia. *Atmospheric Research*, *153*, 526-534.

Testik, F. Y., & Pei, B. (2017). Efeitos do vento na forma da distribuição do tamanho da gota de chuva. *Journal of Hydrometeorology*, *18*(5), 1285-1303.

Thurai, M, Bringi, V. N., & May, P. T. (2010). Estatísticas de distribuição de tamanho de gotas derivadas de radar CPOL de chuva estratiforme e convectiva para dois regimes em Darwin, Austrália. *Journal of Atmospheric and Oceanic Technology*, *27*(5), 932-942.

Thurai, Merhala, Gatlin, P., Bringi, V. N., Petersen, W., Kennedy, P., Notaros, B., & Carey, L. (2017). Para completar o espetro de tamanho da gota de chuva: Estudos de caso envolvendo o disdrómetro de vídeo 2D, o espetrómetro de gotículas e as medições de radar polarimétrico. *Jornal de Meteorologia Aplicada e Climatologia*, *56*(4), 877-896.

Timothy, K. I., Sharma, S., Barbara, A. K., & Devi, M. (1994). Rain attenuation characteristics-An observational study over LOS microwave link at 11 GHz.

Tokay, A., & Short, D. A. (1996). Evidências de espectros de gotas de chuva tropicais sobre a origem da chuva de nuvens estratiformes versus nuvens convectivas. *Journal of Applied Meteorology*, *35*(3), 355-371.

Tokay, A., Short, D. A., Williams, C. R., Ecklund, W. L., & Gage, K. S. (1999). Precipitação tropical associada a nuvens convectivas e estratiformes: Intercomparação das medições do disdrómetro e do perfilador. *Journal of Applied Meteorology*, *38*(3), 302-320.

Tsang, L., Kong, J. A., & Shin, R. T. (1985). Teoria da deteção remota por micro-ondas.

Ulaby, F. T., Moore, R. K., & Fung, A. K. (1981). Microwave remote sensing: Active and passive. volume 1-microwave remote sensing fundamentals and radiometry.

Ulaby, F. T., Moore, R. K., & Fung, A. K. (1986). Deteção remota por micro-ondas: Active and passive. Volume 3 - Da teoria às aplicações.

Ulbrich, C. W. (1983). Variações naturais na forma analítica da distribuição do tamanho da gota de chuva. *Journal of Climate and Applied Meteorology*, *22*(10), 1764-1775.

Ulbrich, C. W., & Atlas, D. (2007). Microfísica dos espectros de tamanho de gotas de chuva: tempestades tropicais continentais e marítimas. *Journal of Applied Meteorology and Climatology*, *46*(11), 17771791.

Ulbrich, C. W., & Atlas, D. (2008). Radar measurement of rainfall with and without polarimetry. *Journal of Applied Meteorology and Climatology*, *47*(7), 1929-1939.

Van de Hulst, H. C. (1957). Light Scattering by Small Particles John Wiley & Sons. *Inc., Nova Iorque*,

470.
Verma, A. K., & Jha, K. K. (1996). Modelo de distribuição do tamanho das gotas de chuva para o clima indiano.
Westwater, E. R. (1978). The accuracy of water vapor and cloud liquid determination by dualfrequency ground-based microwave radiometry. *Radio Science*, *13*(4), 677-685.
White, A. B., Neiman, P. J., Ralph, F. M., Kingsmill, D. E., & Persson, P. O. G. (2003). Coastal orographic rainfall processes observed by radar during the California Land-Falling Jets Experiment. *Journal of Hydrometeorology*, *4*(2), 264-282.
Williams, C. R., Ecklund, W. L., & Gage, K. S. (1995). Classificação de nuvens precipitantes nos trópicos usando perfiladores de vento de 915 MHz. *Journal of Atmospheric and Oceanic Technology*, *12*(5), 996-1012.
Williams, C. R., Ecklund, W. L., Johnston, P. E., & Gage, K. S. (2000). Técnicas de análise de agrupamento para separar o movimento do ar e os hidrometeoros em observações de perfil vertical incidente. *Journal of Atmospheric and Oceanic Technology*, *17*(7), 949-962.
Williams, J. P., Blitz, L., & Stark, A. A. (1995). A estrutura de densidade na nuvem molecular Rosette: Signposts of evolution. *The Astrophysical Journal*, *451*, 252.
Willis, P. T., & Heymsfield, A. J. (1989). Estrutura da camada de fusão na precipitação estratiforme do sistema convectivo de mesoescala. *Journal of the Atmospheric Sciences*, *46*(13), 20082025.
Wilson, C. L., & Tan, J. (2001). As caraterísticas da precipitação e da camada de fusão em Singapura: Resultados experimentais de instrumentos de radar e de solo.
Xhemali, D., J HINDE, C., & G STONE, R. (2009). Naïve bayes vs. árvores de decisão vs. redes neuronais na classificação de páginas Web de treino. *D. XHEMALI, CJ HINDE e Roger G. STONE," Naive Bayes vs. Decision Trees vs. Neural Networks in the Classification of Training Web Pages", International Journal of Computer Science Issues, IJCSI, Volume 4, Issue 1, Pp16- 23, setembro de 2009*, *4*(1).
Yang, J., Wang, Z., Heymsfield, A., & Luo, T. (2016). Partição de massa de gelo líquido em nuvens convectivas marítimas tropicais. *Journal of the Atmospheric Sciences*, *73*(12), 4959-4978.
Yee, T.-S., Kooi, P.-S., Leong, M.-S., & Li, L.-W. (2001). Distribuição do tamanho da gota de chuva tropical para a previsão da atenuação da chuva de micro-ondas na banda de 10-40 GHz. *IEEE Transactions on Antennas and Propagation*, *49*(1), 80-83.
Yeo, J. X., Lee, Y. H., & Ong, J. T. (2009). Atenuação de balizas de satélite em banda Ka e medições da taxa de chuva em Singapura - comparação com modelos ITU-R. Em *2009 IEEE Antennas and Propagation Society International Symposium* (pp. 1-4). IEEE.
Y eo, T.-S., Kooi, P.-S., & Leong, M.-S. (1993). Uma medição de dois anos da atenuação da precipitação de micro-ondas CW em Singapura. *IEEE Transactions on Antennas and Propagation*, *41*(6), 709-712.
Y eo, T. S., Kooi, P. S., Leong, M. S., & Ng, S. S. (1990). Atenuação de micro-ondas devido à precipitação a 21,255 GHz no ambiente de Singapura. *Electronics Letters*, *26*(14), 1021-1022.
Yu, C.-K., Hsieh, P.-R., Yuter, S. E., Cheng, L.-W., Tsai, C.-L., Lin, C.-Y., & Chen, Y. (2016). Medição da velocidade de queda de gotas com uma câmara de alta velocidade: precisão em interiores e potenciais aplicações no exterior. *Atmospheric Measurement Techniques*, *9*(4), 1755-1766.
Y u, N., Boudevillain, B., Delrieu, G., & Uijlenhoet, R. (2012). Estimativa da energia cinética da chuva a partir da refletividade do radar e/ou da taxa de chuva com base numa formulação de escala da distribuição do tamanho da gota de chuva. *Pesquisa de Recursos Hídricos*, *48*(4).
Y uter, S. E., & Houze Jr, R. A. (1997). Medições da distribuição do tamanho das gotas de chuva sobre a piscina quente do Pacífico e implicações para as relações Z-R. *Journal of Applied Meteorology*, *36*(7), 847-867.

Lista de publicações

A. JORNAIS

1. **Tuhina Halder** e Animesh Maitra. "Multi-technique Rain Classification from Ground-based Measurements over a Tropical Location ". *IEE Transactions on Geoscience and Remote Sensing (2020),* **(Fator de Impacto SCI: 5,630)**
2. **Tuhina Halder**, Arpita Adhikari e Animesh Maitra. "Estudos de atenuação da chuva a partir de medições radiométricas e de chuva DSD em dois locais tropicais". *Jornal de Física Atmosférica e Solar-Terrestre (2018)*, *170*, 11-20. **(Fator de Impacto SCI: 1,790)**
3. **Tuhina Halder** e P.K Karmakar. "Medição radiométrica de dupla frequência de alterações na intensidade da precipitação". *Revista Internacional de Sensoriamento Remoto (2014)*, *35*(13), 4973-4983. **(Fator de Impacto SCI: 2.493)**

B. CONFERÊNCIAS

1. **Tuhina Halder**, Arpita Adhikari e Animesh Maitra, "Identification and Estimation of Rainfall Intensity using Micro wave Radiometric Measurements" URSI AP-RASC, 09-15 de março de 2019, Nova Deli, Índia.
2. **Tuhina Halder** e Animesh Maitra, "Estudos de atenuação da chuva a partir de diferentes métodos numa localização tropical" RCRS 2017, Tirupati, Índia.
3. **Tuhina Halder**, P.K Karmakar e M. Maiti, "Scattering and absorption by rain on Radiometer measurements" RDE3P-2013, MCKV, Howrah, Índia.

MIX
Papier aus verantwortungsvollen Quellen
Paper from responsible sources
FSC® C105338

Printed by Books on Demand GmbH, Norderstedt / Germany